U0265144

走向平衡系列丛书

本书由住房和城乡建设部研究开发项目（2022-K-004）
和浙江大学平衡建筑研究中心研究项目资助

长三角
山水城乡空间形态及其设计研究

高黑 石宇 著

中国建筑工业出版社

图书在版编目（CIP）数据

长三角山水城乡空间形态及其设计研究 / 高黑，石宇著 . -- 北京：中国建筑工业出版社，2024. 6.
（走向平衡系列丛书）. -- ISBN 978-7-112-30009-9

Ⅰ . TU984.25

中国国家版本馆 CIP 数据核字第 2024PA1863 号

本书以新时代国土空间规划视域下的山水城乡空间规划设计方法为主要内容，以长三角为案例地区，按照“基础研究归纳、理论框架建构、技术方法梳理、政策工具创新”的逻辑，系统构建了新时代长三角山水城乡规划空间设计的总体框架，分级分类明确了长三角山水城乡空间规划设计的内容方法，并在此基础上提出基于土地发展权管控的山水城乡空间规划传导管控要点，为各地开展山水城乡空间规划设计提供了体系化的研究成果梳理与研究方法借鉴。本书适用于城乡规划、风景园林及相关领域的研究者、从业者、高校学生阅读参考。

责任编辑：张　华　唐　旭
责任校对：李美娜

走向平衡系列丛书
长三角山水城乡空间形态及其设计研究
高　黑　石　宇　著
*
中国建筑工业出版社出版、发行（北京海淀三里河路 9 号）
各地新华书店、建筑书店经销
北京雅盈中佳图文设计公司制版
北京中科印刷有限公司印刷
*
开本：787 毫米 × 1092 毫米　1/16　印张：$13^{1}/_{4}$　字数：230 千字
2024 年 6 月第一版　2024 年 6 月第一次印刷
定价：**78.00** 元
ISBN 978-7-112-30009-9
（43047）

CONTENTS 目录

5 长三角山水城乡空间的现状分析和评估方法

6 国土空间总体规划中的长三角山水城乡空间规划探索

7 国土空间详细规划中的长三角山水城乡空间规划探索

8 国土空间专项规划中的长三角山水城乡空间规划探索

9 基于土地发展权管控的规划设计实施传导政策工具

1

中国山水城乡空间的规划与设计逻辑

山水城乡空间的基本概念
中国山水城乡空间的规划演进
中国山水城乡空间的规划特征
现代山水城乡空间的规划挑战

1.1 山水城乡空间的基本概念

我国幅员辽阔，山脉峡谷纵横交错，河流湖泊星罗棋布，大江大河冲积成的富饶平原，成为农耕文明的主要发源地，也是华夏先民的聚居空间。我国早期聚落多选址于山水之间，既因地形地势易守难攻，也因山水资源丰富，便于农耕和水运。《管子 · 乘马第五》中写道："凡立国都，非于大山之下，必于广川之上；高毋近旱，而水用足；下毋近水，而沟防省"，其从地理、水利等多个角度详细解释了都城选址于山水之间的重要性。我国早期城市文明均发源于山水之间，如良渚古城、尧王城、陶寺、夏墟、殷墟、丰镐两京等，历代都城如咸阳、长安（今西安）、洛阳、临安（今杭州）、南京、北京等也在近山临水之处建设，自然山水环境与中国城市发展协同交融、密不可分。

"山水城市"这一概念在 1990 年 7 月钱学森先生写给吴良镛教授的信中首次被提出。钱学森认为："可以将中国的山水诗词、古典园林建筑与中国的山水画完美结合[①]，从而构建'山水城市'这一概念"。"当人们离开自然，他们又会回归自然。"1950—1990 年，钱学森陆续发表《不到园林怎知春色如许——谈园林学》《关于建立城市学的设想》《钱学森同志写给顾孟潮的信——谈建设中国山水城市问题》《社会主义中国应该建山水城市》等多篇文章，深入探讨中国古代建筑、园林景观以及城市规划建设问题。钱学森认为，山水城市不仅是一种物理空间形态，更是中国古典哲学理念的延伸，是基于中国传统山水自然观和天人合一哲学观而发展起来的未来城市理想模型。它集山水诗词、山水画和中国古典园林建筑艺术精粹于一体，集传统文化与现代科技于一体，集人文情怀与生态保护于一体，是价值审美与工程设计的完美结合。

基于对现有城市建设发展的经验总结，结合山水城市建设理想模型推演，钱学森提出了一条山水城市的建设发展路径，即从一般城市发展为园林城市，演进到山水园林城市，最后形成山水城市，实现生态环境与人文环境完美结合的终极目标[②]（图 1-1）。

---

① 吴人韦，付喜娥．"山水城市"的渊源及意义探究 [J]. 中国园林，2009（6）：6.

② 杨华刚．山水作为一种设计手法 [D]. 昆明：昆明理工大学，2019.

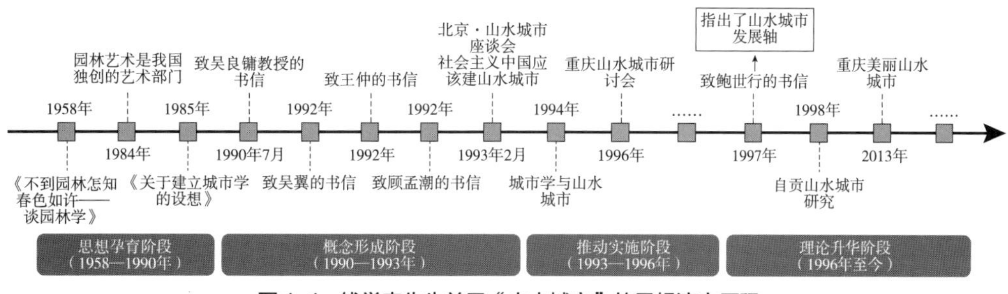

图 1-1 钱学森先生关于“山水城市”的思想演变历程

人居环境营建一直以来都是我国山水城市研究的热点方向。基于钱学森先生的“山水城市”理念，学者提出在现代城市建设中，应借鉴古典园林的构筑艺术，利用自然山水元素来引导和控制城市的发展①，以实现人工环境与自然环境的有机协调。为此，学者通过对山水城市历史脉络的深入研究与文化内涵的详细解读，系统探索了山水城市的理论模式、内涵框架、营造特点、审美属性等，但基于历史文化、园林艺术与建筑理论的研究，多停留在抽象层面，难以形成更具指导性的原则体系和系统化的营建方法。

随着生态保护与可持续发展成为全球性议题，田园城市、园林城市和低碳城市等国际规划理念与中国传统山水城市理论的结合，已成为当前研究领域的另一大热点方向。在生态文明建设的大背景下，学者们不断深化对城市可持续发展的思考，深入挖掘山水城市与其他城市规划理念的内在联系，将山水城市的科学思维融入绿色可持续的城市建设发展过程，探索“创新、协调、绿色、开放、共享”的高质量发展路径。

1.2 中国山水城乡空间的规划演进

1.2.1 中国古代山水城市规划

我国古代的山水城市经历了从聚落形成到系统化、科学化、多元化的缓慢发展过程。在此过程中，“山水要素”从自然地物演进为文化符号，最后形成系统价值。既有

① 鲍世行 . 构建城市科学学科体系的思考：写在《城市发展研究》创刊百期之际 [J]. 城市发展研究，2010（1）：8.

研究将我国古代山水城市的规划建设分为五个阶段，一是萌芽阶段（先秦时期），二是发育阶段（秦汉时期），三是成型阶段（魏晋南北朝时期），四是繁荣阶段（唐宋时期），五是鼎盛阶段（元明清时期）[①]。

各阶段的山水城市建设活动始终与当时的社会经济发展水平紧密关联，在社会生产力较低的时期，山水环境对人类活动的制约作用明显，人类改造环境的作用微弱，山水城市营建主要体现为敬畏自然、顺应自然、趋利避害的朴素观念；随着社会生产力的高速发展，人类对自然山水的认知与利用程度均大幅提升，通过勘察研究自然地形、山川和河流状况，能动地利用自然、改造自然，巧妙地将山水元素融入城市规划，不断优化调整城市布局、建设规模和发展方向。在此过程中，中国传统哲学中的自然观、价值观、伦理观与规划营城理念不断融合，形成了一套完整的中国古代山水城市建设理念。

1.2.2 中国近代山水城市规划

从近代开始，随着西方城市建设观念的引入，中国的城市风貌逐渐发生了翻天覆地的变化。一方面，西方城市规划思想的引入，中国部分城市的发展模式参考了西方城市的规划和建设，形成了与传统中国城市截然不同的城市模式，例如上海、天津、青岛、大连。另一方面，国外建筑师以及在海外学习的国内建筑师应用西方城市规划建设理念，在中国城市进行了大量的规划建设实践，为中国城市发展注入了新的活力[②]。在近代西方城市规划理论与实践浪潮下，花园城市理论对中国山水城市规划发展影响最为深远。花园最初作为西方城市规划中最典型的要素被引入我国部分城市的规划建设。民国时期，花园城市理念在国内城市的规划设计中被广泛应用。1919 年发布的《都市规划论》中首次探讨了“花园都市”的概念，并在广州开始“花园都市”的建设实践。在后续的武汉、南京城市规划中，也均将花园城市理论与传统山水城市相结合，塑造了“山、水、城、林”相映成趣的特色城市风貌。花园城市等规划建设思想助推了传统山水城市规划理论的创新发展，使我国城市初步建立了完整的城市公园与绿地系统，加速了城市的现代化转型，全面提升了人居环境品质。

---

① 杨华刚．山水作为一种设计手法 [D]. 昆明：昆明理工大学，2019.

② 丁万钧，曹传新．基于“以人为本”生态区域基质的城市规划空间结构 [J]. 人文地理，2004，19（3）：5.

1.2.3 中国现代山水城市规划

自中华人民共和国成立以来，城市规划建设迈入了高速发展阶段，但在这个过程中也出现了“千城一面”、缺乏文化内涵、生态环境恶化、公园绿地建设滞后等一系列问题。为了解决这些问题，1990 年钱学森院士在写给吴良镛院士的信中首次提出“山水城市”概念，以中国古典园林为基础，融入山水诗词情怀，结合社会经济发展的时代特征，满足人民群众的生产生活需求，开展现代山水城市建设探索。在钱学森院士的引领下，山水城市理念逐渐深入人心，成为城市建设的新方向，各地城市纷纷以山水城市理念为指导，探索将传统文化与现代城市建设相融合的新路径。

2013 年，党的十八届三中全会通过《中共中央关于全面深化改革若干重大问题的决定》[①]，全面、清晰地阐述了生态文明制度体系的构成及其改革方向、重点任务，一场关系人民福祉、关乎民族未来的深刻变革就此开启，“绿水青山就是金山银山”的理念深入人心。2019 年《中共中央 国务院关于建立国土空间规划体系并监督实施的若干意见》的发布，开启了新时代国土空间规划体系重建与制度改革的序幕，实现全域全类型国土空间的有效、公平和可持续利用成为新一轮国土空间规划编制的重要目标[②]。在此背景下，我国传统的山水城市研究视域进一步拓展为全域山水城乡空间，各地在新一轮规划编制中开展了大量融合自然山水格局的城乡空间规划建设实践。在此阶段，“公园城市”理论的提出极大地丰富了山水城乡空间规划的内涵。“公园城市”构想首次提出于 2018 年 2 月习近平总书记考察成都天府新区的过程中[③]。“公园城市”是指把城市打造成人与自然和谐共生的绿色空间形态的一种理想社会状态，相较于传统的山水城市理论与西方的花园城市理论，它不仅强调自然资源的生态和美学价值，更凸显其公共服务价值。公园城市致力于“为人民打造优质的生产和生活环境”，确保“人民安居乐业”和“在共建共享发展的过程中，所有人民都能感受到更多的成就感”。公园城市已成为现代中国山水城乡空间规划设计中的一种重要范式。

---

① 习近平．关于《中共中央关于全面深化改革若干重大问题的决定》的说明 [N]. 人民日报，2013-11-16.

② 焦思颖．国土空间规划体系“四梁八柱”基本形成：《中共中央 国务院关于建立国土空间规划体系并监督实施的若干意见》解读 [J]. 资源导刊，2019（6）.

③ 新华社．大城“园”梦——成都公园城市示范区建设解码 [OL].（2023-06-19）[2024-04-19].

1.3 中国山水城乡空间的规划特征

1.3.1 “三形嵌套”的规划布局

在中国传统山水城市建设中，往往从全域空间尺度出发，根据人与自然山水的空间距离远近，将山水城市营建分为远景、中景、近景三个尺度，分别开展规划设计，由此形成了“内形—外形—大形”“三形嵌套”的空间布局[①]。其中：

近景尺度为“内形”，主要指城市内部与居民生活最为紧密相连的自然山水环境，其与城市的功能布局、路网结构、生产生活等具有最直接的联系。

中景尺度为“外形”，主要指与城市紧密相连、居民日常活动可及的外部山水环境，在此空间多布局宗教文化、风景游憩、安全防御等功能。

远景尺度为“大形”，主要指与乡村相比更为遥远的、“四望”可见的大尺度山水环境，此空间在景观视廊、通风廊道、天际线等设计中具有重要地位。

既有研究总结了中国传统山水城市的规划实践，认为几乎所有城市都展现出了“三形”的规划布局。但由于各地山、水、城要素分布具有差异性，规划建设的侧重点也各不相同，有的“三形”齐备，有的则偏重其中“一形”或“二形”，塑造了各具特色的山水城市格局。

例如，云南曲靖中心城区的空间布局体现为“三形”齐备：远景尺度的“大形”由马鞍山、朗目山、龙井山、青峰山、沙马山、烟堆大山、翠峰山和猴坡梁子构成，中景尺度的“外形”由寥廓山、翠峰山和南盘江构成，近景尺度的“内形”由寥廓山、贵昆铁路和曲胜高速的东段构成。城市交通轴线与寥廓山、白石江公园、西河公园、玉林山的山水空间轴线从南至北紧密地将这“三形”融为一体[②]（图 1–2）。

1.3.2 “因势赋形”的规划理念

“因势赋形”是中国古代山水城市规划中的核心理念，“因势”是指顺应和利用自然

---

① 武廷海．画圆以正方：中国古代都邑规画图式与规画术研究 [J]. 城市规划，2021（1）：45.

② 杨华刚．山水作为一种设计手法 [D]. 昆明：昆明理工大学，2019.

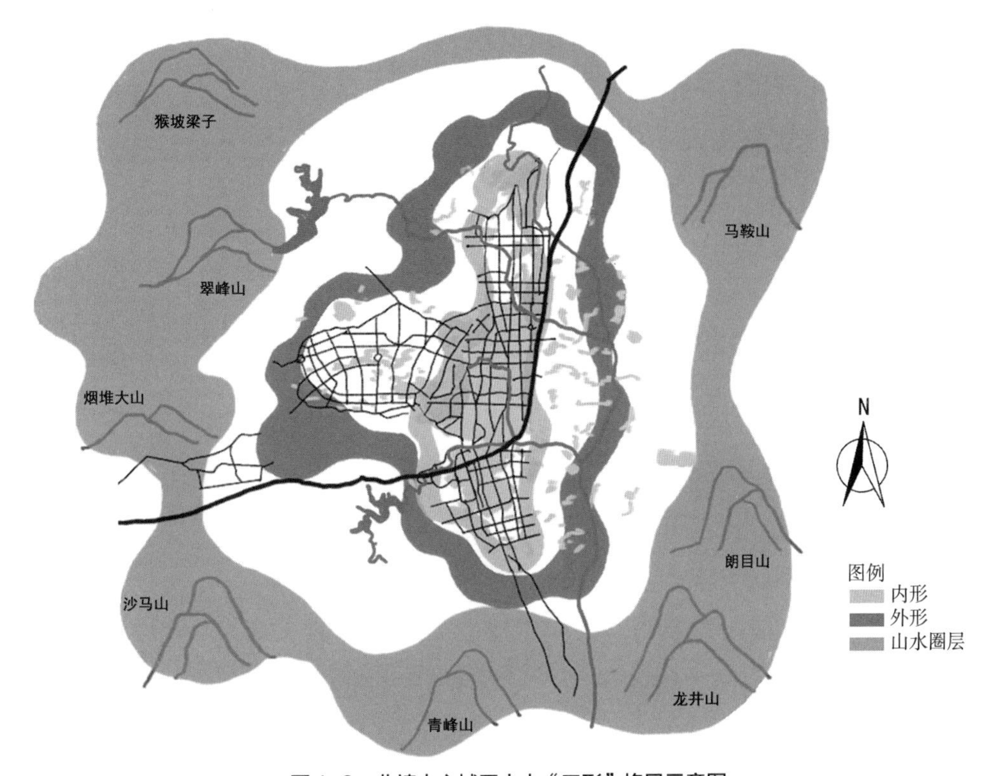

图 1-2 曲靖中心城区山水“三形”格局示意图

山形水势，“赋形”是指通过人为的方式为山水环境赋予某种形态，“因势赋形”的关键在于深入挖掘隐藏在地形和地貌中的特殊秩序，分析其改造利用的可能性，将其作为城市空间规划的底图背景、初始坐标和基本骨架，以此为依据确立城市建设的布局逻辑和发展模式，从而创造人工环境与自然山水环境互补的城乡空间。

从中国传统山水城市规划到西方近代花园城市规划再到现代山水城乡空间规划实践，都遵循着这一基本方法。在传统的山水城市规划建设中，更为强调自然山水的原始特性，例如地形的最高点、山脊和山谷、山水的走势等，现代山水城乡规划则更为强调尊重自然和改造自然的巧妙结合，通过充分挖掘自然资源的潜在优势，创造富有个性特色的场所景观。根据既有研究的梳理归纳，“因势赋形”的规划手法可以分为以下几种类型：

“依山形—天阙”：“天阙”指的是两座相互对立的山峰之间的空隙，天阙在山水城乡空间规划设计中，常被作为确立城市布局秩序基准的重要参照。在传统城市布局中，重要的政治建筑、公共建筑、宗教建筑与地标性建筑通常面向“天阙”遥望而立，这种“望天阙”的秩序格局使城市内部与周边大尺度山水环境内外呼应、有机交融（图 1-3）。

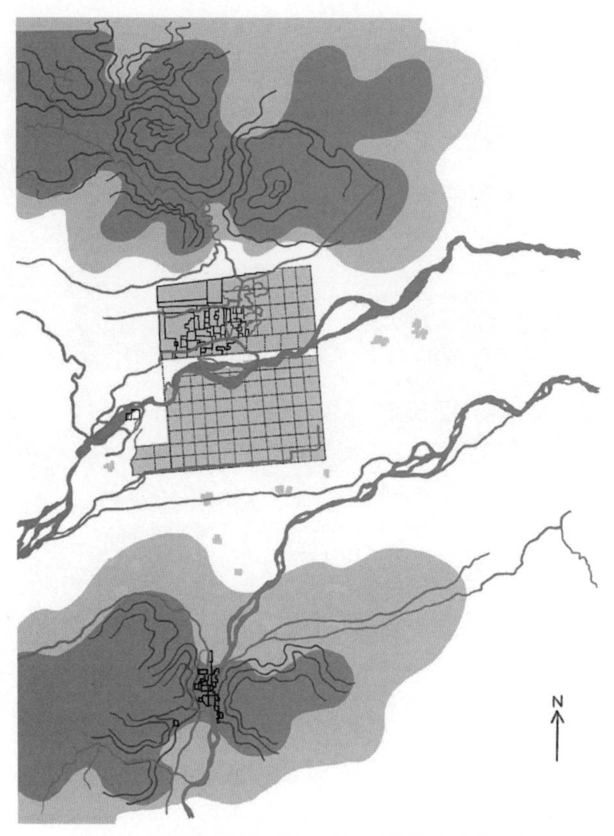

图 1-3 隋唐洛阳城复原以及其周边的地理状况示意图

“依山形——一方”：“一方”指的是以某一特定方位的重要山水为建立城市空间秩序的参考标准。“国必依山川”，在农耕文明时代，人们对自然山水具有崇高的敬意与深厚的情感，“祭岳镇海渎”是我国从西周延续到明清的重要传统，《礼记 · 王制》提出：“天子祭天下名山大川；五岳视三公，四渎视诸侯；诸侯祭名山大川之在其地者。”对名山大川的崇敬深刻影响了中国古代山水城市建设布局，历代规划师常常以山水“一方之望”作为确立城市空间格局的重要参照，许多城市也在与其关联的“一方之望”上增添历史文化元素，构建了独特的城市景观。“一方之望”的布局手法自外向内地增强了城市结构的整体性，从重要建筑到关键景观再到普通住宅，均因“一方之望”与山水环境形成了和谐的呼应关系（图 1-4）。

“依山形—踞山”：“踞山”代表了山城一体化的建设模式。规划者通过对复杂的山地环境进行细致评估，深入挖掘其空间结构与景观特色，依据山形地势确定城市建设的关键位置和整体布局，进而开展山地生态保护、山地交通组织、竖向设施建设和文化景观提升等工作，满足城市居民在安全、生产、生活、文化和审美等方面的需求。由于各种环境因素的差异，不同城市在“踞山”的设计上各具特点，有些城市选择整体坐落在山顶，而有些城市则选择将部分或全部关键区域坐落于山中。出于军事防御的需要，我国古代都城多选择山势陡峭险峻之地作为城址，并以此为中心进行大规模营建，由此形成了一系列特殊形制的城垣结构（图 1-5）。

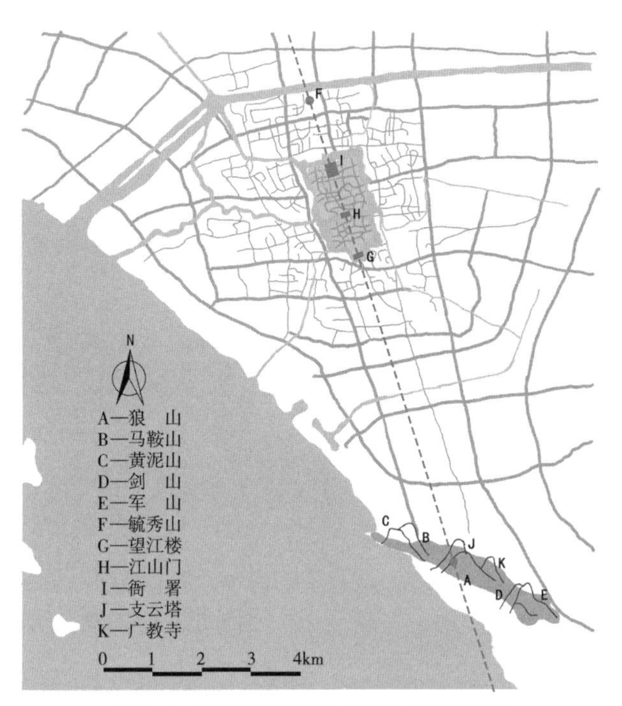

图 1-4　南通古城与狼山之间的关系示意图

图 1-5　湖口县城空间布局示意图

“借水势—回澜”：“回澜”是指在河流转弯的地方形成的一种波涛汹涌、回旋不息的水流形态，其由河道走向和河底坡度共同造就。回澜作为河流水势的一种独特表现形式，在古代城市规划设计中备受重视。在“回澜”之处树立的“回澜塔”和“回澜阁”，多为城市标志性建筑，在朝对“回澜”的位置，也常将城门和楼阁命名为“观澜门”“回澜拱秀”等，强化“回澜”与城市空间秩序之间的联系[①]。同时，由于“回澜”具有“取得胜利”的象征意义，古代城市规划中也常将其作为重要的地方文化景观加以打造，例如“三折回澜”“二折回澜”（图 1-6）。

“借水势—通络”：“通络”指的是以水系统作为连接城市空间结构的脉络，“通络”不仅要求物理意义上的“通水”“通航”，更要求“通景”“通气”“通义”，从而提升人居环境品质。中国传统城市

① 朱玲，王树声，徐玉倩 . 回澜：一种结合特殊水脉的空间秩序构建模式 [J]. 城市规划，2017（6）.

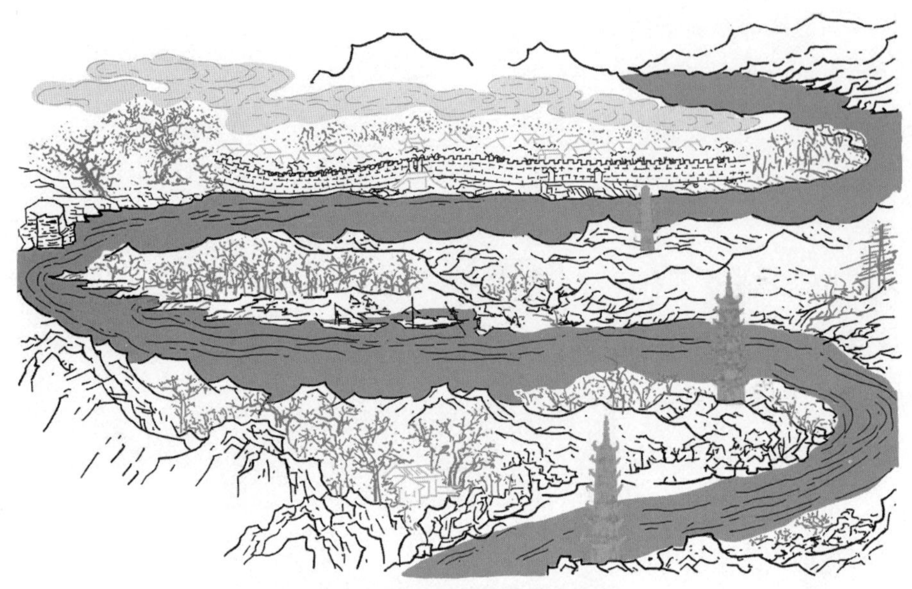

图 1-6 “三折回澜”景观示意图

尤其重视水系景观的营造与利用，从历史经验来看，“通络”的结构通常依托于水系的自然走向和水利建设的需求，结合城市中最重要的交通线路或景观视廊，串联城市内外的关键空间节点，从而形成一个整体连贯的空间框架。由于各城市的水网条件不同，“通络”的结构在形态上具体表现为网状、环状、折线状等多种形式（图 1-7）。

“借水势—蓄储”：“蓄储”是指通过湖泊、池塘、湿地等来泄洪排水或储水防旱。“借水调谷以济旱涝”为我国古代治水思想之一，无论是在南部的城市还是北部的城市，“蓄储”这种从生产经验中提炼出来的城市建设方法都得到了广泛的关注和重视。“蓄储”作为“众水汇归之地”，塑造了城市总体空间布局秩序，同时由于其水域多位于城市核心区域，不仅拥有丰富的水利条件，还因其独特的景观资源而被视为场所营建中的核心要素。城市内部的重要建筑多向湖而踞，城市公共空间多滨水而立，形成了城水相依、人水共生的“藏风聚气”之所（图 1-8）。

“借水势—襟湖”：“襟湖”代表了湖城一体化的建设模式。为满足城市的饮水、灌溉、蓄泄和防御等需求，规划建设者通过实施疏浚、挖掘等工程，积极经营湖池资源，实现以湖养城、以湖卫城[①]。“襟湖”通常与城市相邻，并以地理位置命名，例如“西

① 朱玲，王树声，李岚，等．襟湖：一种湖城一体格局的建构模式 [J]. 城市规划，2018（3）：2.

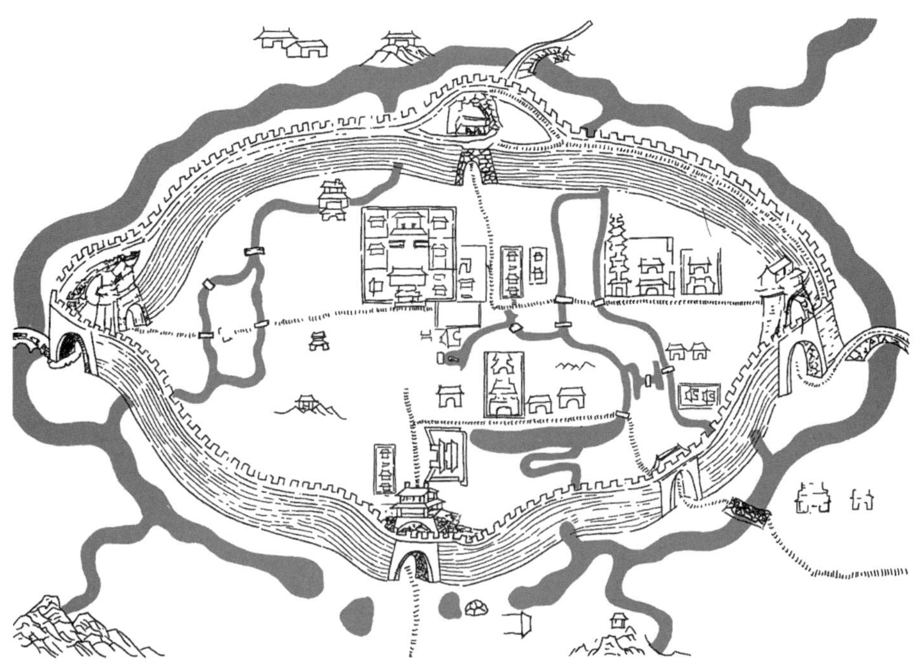

图 1-7　安徽广德州城空间布局示意图

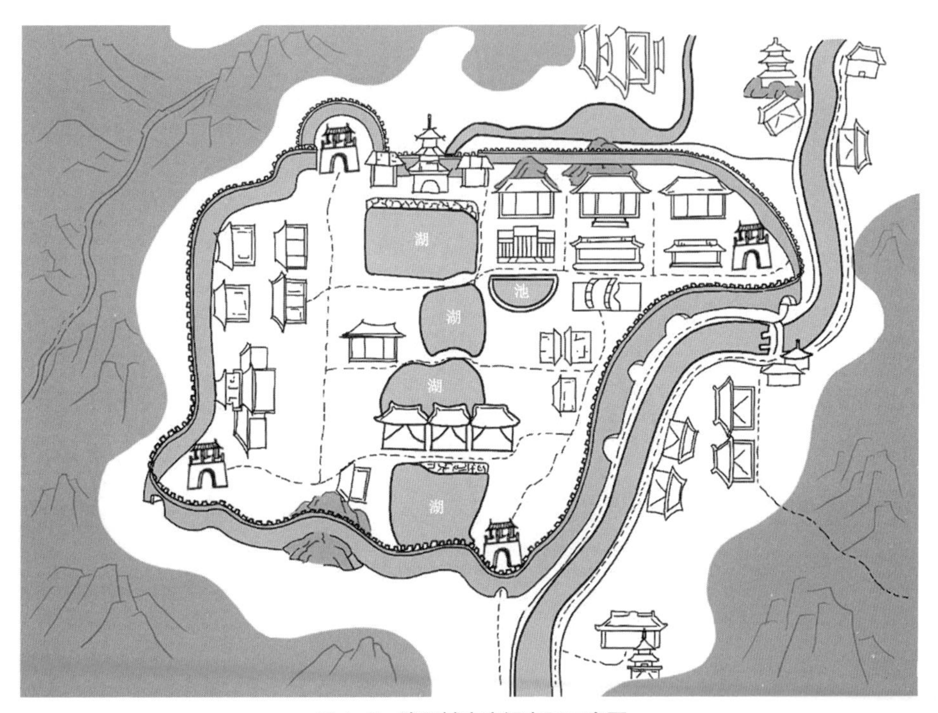

图 1-8　诸暨城市空间布局示意图

图 1-9　杭州西湖景观环境示意图

湖”“东湖”和“南湖”，此类湖泊通常会在湖心和驳岸的关键位置植入标志性建筑，并通过设计湖城的重要空间节点形成湖城“互望”和“互感”的整体布局，从而创造出一个“可樵、可渔、可游、可咏”的理想人居环境（图 1-9）。

1.3.3 “全形补缺”的规划手法

在我国传统城市规划设计中，尤为强调城市与周边自然山水格局整体上的相互呼应，针对自然山水环境的不足，倡导利用“人工巧势”的方法来进行补足。中国古代哲学强调“天人合一”的思想理念，这种观念融入山水城市规划设计，形成了独具特色的“人工 - 自然环境”合一的规划观。这种以“人工巧势”填补自然山水缺陷的规划观，体现了传统城市建设体系对整体空间环境的批判性审视与能动性改造。

“四望”：通过城市四大方位的景观轴线，寻找城市与山水环境的契合点和关键地段，结合“四望点”设计标志性建筑，据此统筹布局城市空间。中国古代城市多以“四望”为核心构建具有特色鲜明的景观体系，能“展一方之美，呈四远之景”（图 1-10）。

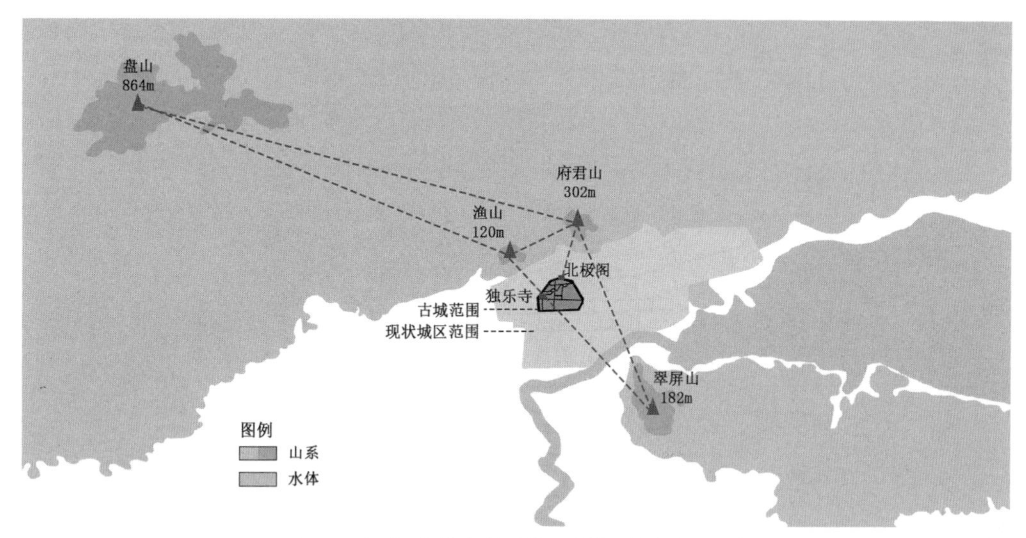

图 1-10 以“四望”为基础的天津蓟州城市布局示意图

“通气”：以“汇通自然”为基础原则开展既有城市空间秩序的积极创新。通过“引路”“开门”“建渠”和“览胜”等多种手段，加强城市与自然山水间的气脉联系、风景联系以及文化联系，塑造人与自然和谐共生的整体格局（图 1-11）。

“点巧”：聚焦于对城市局部空间的营建，以画龙点睛的方式促进山水之美与人工建设的互相成就。规划者通过精准识别自然山水环境中的独特性、异质性和巧妙性，将城市的重要功能和建筑巧妙嵌入，从而建立内外融通的城市轴线与风景视廊①。

“凝秀”：强调挑选能够完美呈现城市风景的关键点，让人们在日常的都市背景中领略到城市的魅力。规划者通过深度挖掘和捕捉隐藏的山水美景，在此基础上巧妙构建“凝秀之所”，以此提升城市景观层次与环境品质。中国传统城市中，往往对“凝秀之所”这一小规模的空间媒介进行精心设计，并将其巧妙地融入到人们的日常生活场景中，赋予其独特的历史文化价值（图 1-12）。

① 刘梦，时寅，杨凌凡，等．富平城市山水人文空间格局的保护传承研究 [J]. 城市建筑，2019，16（28）：5.

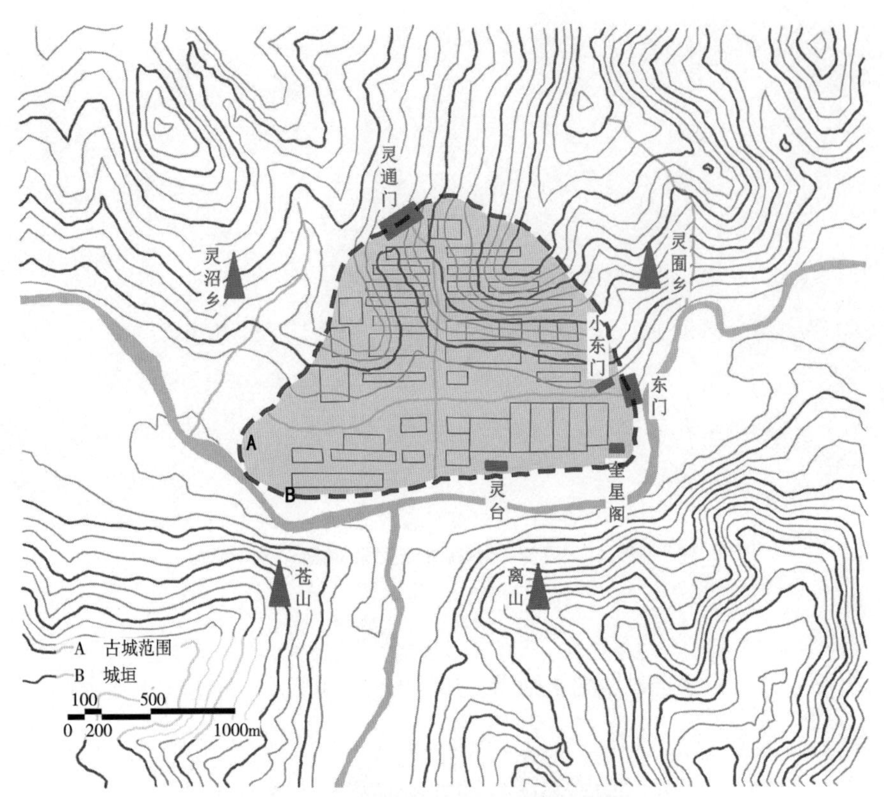

图 1-11 灵台县城郊的山水环境示意图

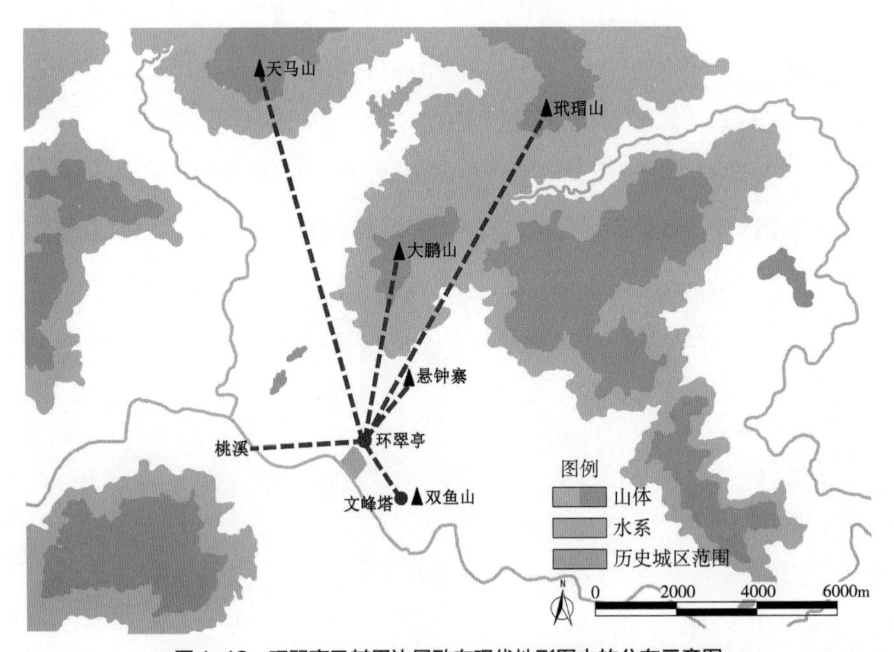

图 1-12 环翠亭及其周边景致在现代地形图中的分布示意图

1.4 现代山水城乡空间的规划挑战

1.4.1 如何在底线约束下重塑城市空间格局

随着我国步入高质量发展新阶段，过去“大量建设、大量消耗、大量排放”的粗放型开发建设模式已难以为继。在深入推进以人为本的新型城镇化战略背景下，我国空间规划正由外延扩张转向内涵提质、存量发展的新阶段。如何在严格的国土空间规划底线约束下，巧妙结合山形水势，通过合理的城市功能空间布局和控制线体系设计，构建与自然山水环境和谐共生的城乡聚落空间，已经成为当前规划设计中的一大难题和挑战。

1.4.2 如何增强城市功能区块间的有机联系

在科技创新的推动下，城乡空间发展已转向全面人本化、全面生态化与区域网络化，多中心、网络化、圈层式、集约型的结构布局将驱动空间多维发展，“创新、协调、绿色、开放、共享”的新发展理念深入人心。而我国当前部分城市的空间格局中，仍存在区块割裂式的布局特点，导致了交通拥堵、环境污染等“城市病”。如何增强城市各功能区之间的联系，实现城市空间的有效整合，形成与新发展理念相适应的“山、水、城”三位一体的城市功能空间，助推经济结构转型与高质量发展，已成为当前亟待解决的问题之一。

1.4.3 如何打造富有活力的高品质公共空间

城市的公共空间是吸引人流和凝聚活力的重要场所，其不仅具有多样性的公共服务功能，还具有高度的粘合性和向心力。在公共空间中，人们不仅是活动的参与者，更是城市活力的创造者。但受到西方花园城市等理念的影响，我国部分城市的公共空间存在尺度过大、流线复杂、过度硬化、与自然山水环境相割裂等问题，导致城市活力低下。如何在最小自然干扰下，创造既能满足可识别、可达性、可渗透、多样性、丰富性、个性化和视觉适宜要求，又能与城市山水格局、视觉廊道有机结合，具备“凝翠”“通气”功能的高品质公共空间，已成为当下的热点议题。

1.4.4 如何打造“记得住乡愁”的地标性建筑

城市的标志性建筑不仅是城市的名片，也是城市魅力的象征。它们向外界展示了城市的文化和独特性，向内则是游子对家乡思恋的寄托所在。放眼全球，各大城市都在以独特的地标向世人展示自己的魅力，而在我国的高速城市化进程中，“千城一面”使城乡地域性特色逐渐丧失，成为中断区域历史和文化传承的巨大威胁。如何在快速模式化、标准化的现代城市建设语境下，通过精心选址、设计、营建，打造“记得住乡愁”的地标性建筑，提升城市可辨识度和传播度，已成为城市规划建设者与城市治理者高度关注的议题。

2

长三角山水城乡空间特色与规划分析

长三角山水城乡空间的构成特征
长三角山水城乡空间的规划目标
长三角山水城乡空间的发展难题
长三角山水城乡空间的规划改革

2.1 长三角山水城乡空间的构成特征

2.1.1 长三角的概念内涵

长三角的区域概念源于自然地理上的专有名词——长江三角洲，即长江入海口形成的冲积平原。经济地理视角下的“长三角区域”则起源于 1982 年国务院确立的上海经济区，包括上海、无锡、苏州、杭州等 10 个城市。1997 年长三角城市经济协调会上，长三角经济圈的概念被首次提出，范围也由原来的 10 个城市拓展到上海周边的 15 个城市。2003 年，浙江台州正式被纳入长三角经济圈范围，成为第 16 个城市成员。2006 年，《国务院关于进一步推进长江三角洲地区改革开放和经济社会发展的指导意见》提出“泛长三角”的新地域概念，将长三角地域范围扩展到上海、浙江、江苏两省一市。2010 年，第十次长三角城市经济协调会上将合肥、盐城、马鞍山等 6 个城市纳入其城市成员，使长三角经济圈的范围拓展至 22 个城市。2016 年《长江三角洲城市群发展规划》明确提出“长三角城市群”的概念，并将城市成员拓展为 26 个。2019 年《长江三角洲区域一体化发展规划纲要》再次拓展长三角区域范围，涵盖上海、江苏、浙江、安徽三省一市的全部城市[①]（表 2–1）。

长三角空间范围的历史变迁情况　　表2–1

<table>
<tr><th>时间</th><th>规定</th><th>空间范围</th></tr>
<tr><td>1982 年</td><td>国务院提出上海经济区</td><td>上海、无锡、常州、南通、宁波、苏州、杭州、嘉兴、湖州、绍兴，共 10 市</td></tr>
<tr><td>1997 年</td><td>《长三角城市经济协调会章程》</td><td>上海、无锡、常州、宁波、舟山、苏州、扬州、杭州、绍兴、南京、南通、泰州、湖州、嘉兴、镇江，共 15 市</td></tr>
<tr><td>2003 年</td><td>第四次城市经济协调会议</td><td rowspan="2">上海、无锡、常州、宁波、舟山、苏州、扬州、杭州、绍兴、南京、南通、泰州、湖州、嘉兴、镇江、台州，共 16 市</td></tr>
<tr><td>2005 年</td><td>《长三角地区区域规划纲要》</td></tr>
</table>

① 水恒涛，余健，赵春雨，等．长三角城市群扩容以来城市等级规模结构演化特征 [J]. 安徽师范大学学报（自然科学版），2023，46（4）：366–374.

续表

时间	规定	空间范围
2006 年	《国务院关于进一步推进长江三角洲地区改革开放和经济社会发展的指导意见》	“泛长三角”概念：上海、江苏、浙江，两省一市
2010 年	《长江三角洲地区区域规划》	
2010 年	第十次长三角城市经济协调会	16 市 + 合肥、盐城、马鞍山、金华、淮安、衢州，共 22 市
2016 年	《长江三角洲城市群发展规划》	16 市 + 盐城、金华、合肥、芜湖、马鞍山、铜陵、安庆、滁州、池州、宣城，共 26 市
2019 年	《长江三角洲区域一体化发展规划纲要》	江苏、浙江、安徽、上海三省一市全部城市

从政策文件角度观察长三角地区的定义变化，可以看出，随着时间的流逝，长三角的地理范围正在持续扩张，从最初上海及周边的 10 个城市扩展到了 16 个城市，并进一步引入了“两省一市”的“泛长三角”概念、“三省一市”的“长江三角洲区域”概念。这说明，作为全国经济社会发展水平最高的地区之一，长三角地区对周边区域的人口、产业具有强烈的吸引力，不断吸引要素集聚和空间扩张。

2.1.2 长三角的自然环境

1. 地理位置

长三角地区位于我国东部沿海，是长江入海冲积形成的平原，东临东海，北接山东半岛，南濒台湾海峡，西与江西、湖北、河南等中部地区接壤，地理位置十分重要，是我国东部地区连接内陆的重要门户，也是沟通海陆交通、贸易的战略要地。

2. 地形地貌

长三角地区拥有丰富而多样的地理特征，拥有平原、丘陵、山脉、湖泊、海洋等。其中：①平原包括太湖平原、杭嘉湖平原、江淮平原、苏北平原等，地势平坦，土壤肥沃，是全国重要的产粮区。②丘陵分布较广，包括苏南丘陵、浙江西部丘陵等，地形复杂，地势起伏较大。③山地主要分布在西南部，地势较高，山脉起伏，如天目山、江南大峡谷等。④河流众多，水网密布，平均每平方千米区域内分布有 4.8~6.7km 河道，拥有大小湖泊 200 余个，是我国河网密度最高的区域，区域内拥有长江、黄浦江、钱塘江、淮河等重要水系，太湖、洪泽湖、阳澄湖等重要湖泊，杭州湾湿地、盐城湿地、东极湿地等重要湿地，具有重要的区域生态价值。⑤海域面积广阔，海岸线较长，沿线分布有上海港、宁波—舟山港等天然深水港，可容纳大型船舶和集装箱船，沿海地带拥有沙滩、湿地、滩涂、海岛等多样的滨海景观。

3. 气候条件

长三角地区属四季分明的亚热带季风气候区。夏季受到暖湿的南风气流影响，冬季受到寒冷干燥的北风气流影响，形成夏季湿热、冬季湿冷的季节性变化。气候条件良好，有利于农作物种植和城市建设发展。受地理位置影响，长三角地区易受夏季和秋季台风侵袭。同时，由于近年来全球气候变化，长三角地区也出现了一些异常天气，如突发寒潮、特大暴雨等，这对地区的农业生产、日常生活和交通出行具有一定影响。

4. 资源禀赋

（1）水资源丰沛，涵盖了长江、钱塘江、太湖等关键水域，为农业、工业和日常生活提供了充足的水资源。但随着经济发展及城市化进程加快，用水量不断增加，水质污染问题日趋严重，迫切需要加强对区域水环境承载力的研究，为制订科学的治水方略提供依据。

（2）海洋渔业资源优质，包括各类海洋鱼类、虾蟹和贝类等，是中国渔业的主要产区之一，海产品加工业、养殖业、观光旅游业高度发达，海洋风能、潮汐能等也为该地区在新能源产业方面的发展奠定了良好基础。

（3）矿产资源有限，主要资源类型为铁矿石和煤炭，主要分布在浙江、江苏等地区，为当地的基础设施建设、能源供应、工业生产等提供了有力支撑。但随着城市化与工业化进程的不断深入，资源开采利用面临不可持续的诸多挑战。为满足新时代对绿色和可持续发展的需求，该地区正积极促进产业结构的升级，逐步转向技术密集型和创新型产业，目的是减少对矿产资源的开采与依赖。

（4）农业资源丰富，主要农作物包括水稻、小麦、蔬菜和水果等。但随着经济发展、人口增加以及环境污染的影响，该区域耕地面积逐年减少、土壤质量开始下降，粮食安全面临挑战。同时，农业劳动力的流失和老龄化也影响着地区农业健康发展。因此，加快推进农业结构战略性调整已成为该区域发展中亟待解决的重大课题。

（5）生态资源多样。长三角地区的山地和丘陵地带的森林生态系统具有重要的区域生态服务与文化景观价值。太湖、鄱阳湖、杭州湾等湿地，安徽天目山、浙江雁荡山等自然保护区，以及山地和丘陵地带的森林不仅为众多植物和动物提供了栖息地，保护了生物多样性，还具有稳定土壤、调节水文、净化水质等重要生态功能。

2.1.3 长三角的社会环境

长三角地区不仅是中国最发达、经济最繁荣的区域之一，还拥有丰富的和多层次的社会历史背景。多元一体的历史文化背景差异化地塑造了各地的发展模式、社会治理、文化习俗等，使长三角地区的社会文化发展呈现出多姿多彩的面貌。

1. 历史沿革

自古以来，长三角地区都是中国东部重要的经济与文化中心。早在春秋战国时期，长三角地区就处于吴越版图的中心位置。秦汉时期，长江流域被纳入了大一统的版图。东汉末年的三国时期，长三角地区成为魏、蜀、吴三大政权争夺的焦点，南京作为吴国的首都，成为古代中国南方地区的政治、经济和文化中心。魏晋南北朝时期，长江下游一带再度成为兵家必争之地，南朝梁和陈等南方王朝均在南京建都，进一步提升了长三角地区的政治文化辐射力。隋唐时期，随着京杭大运河的开通，长三角地区与中央政权的联系更加紧密，苏州、杭州等城市繁荣发展。两宋时期，由于北方战事不断，中国全面完成经济中心南移，长三角地区的社会经济得到空前发展，尤其是南宋政权定都杭州后，杭州跃升成为全球人口规模最大的城市之一。元明清时期，该地区的城市化进程和商业繁荣持续得到推动，逐渐形成了以苏州、松江等府州为主的工商业发达的市镇群。近代以来，上海、宁波等作为首批通商口岸，金融、贸易、航运、制造等行业快速发展。辛亥革命后，南京被选为临时政府的首都，成为当时全国的政治中心。

中华人民共和国成立后，长三角地区在我国的经济发展中也扮演了重要角色。由于改革开放等政策的实施，长三角地区得到了全面而深入的发展，并逐步与世界接轨，建立了开放程度高、市场化水平强、产业关联度大、创新能力强的外向型经济体系，成为中国最富有和最具活力的地区之一。

2. 经济社会

长三角地区经济高度发达，上海、江苏、浙江等省份拥有全国范围内最具竞争力的产业，包括现代制造、金融服务、高新技术等。地区内广泛分布的产业集群和创新生态，成为全国乃至全球范围内的创新驱动力。长三角地区也是我国城市化程度最高的地区之一，城市内外不同地域、阶层和文化的人口聚集，带来了社会多样性和文化融合。长三角地区在社会治理模式方面也进行了诸多改革探索，致力于提升社会管理效能和公共服务质量，安吉的“两山模式”、绍兴的“枫桥经验”、丽水的生态产品价值实现机制试点等均走在全国前列，浙江正着力打造中国特色社会主义共同富裕先行和省域现代化先行区，以“浙江之窗”展示“中国之治”的别样精彩。

3. 文化宗教

长三角地区自古便是政治和经济发展的关键节点，也是文化交流和融合的核心区域，这里孕育了大量的文化基因和历史遗迹。吴越文化以其儒家传统、文人雅士、山水田园的审美追求等特点，在长三角地区的艺术、建筑、文学等方面形成了独特风格。吴越文人在各自的地区留下了大量的文化遗产，如苏州园林、杭州西湖等，成为中国传统文化的瑰宝。运河文化也在长三角地区留下了浓厚印记，其连通南北，是古代商业和文化交流的关键节点，形成了以漕运为中心，商业发达、经济繁荣的局面，同时也孕育了大量优秀的文人学者，运河沿线的徐州、扬州、镇江、无锡、苏州、杭州等均为文化重镇。商贸文化是长三角地区的重要文化标志。长三角地区自古以来就是商贸中心，从19 世纪末开始，上海成为国际商贸口岸，不仅吸引了外国文化的流入，也推动了不同地区文化的交融。商贸文化的蓬勃发展，催生了各种各样的商业街区和市场，来自各地的人群在这里交汇，不仅带动了经济的繁荣，也让这片土地上的文化更加多姿多彩。宗教文化也是长三角地区的特有资源，佛教、道教和基督教等多种宗教文化在这里交融，天台山是佛教天台宗和道教南宗的发源地；普陀山是中国四大佛教名山之一，有“海天佛国”之美誉；南京的鸡鸣寺、杭州的灵隐寺、苏州的寒山寺享誉中外。这些地区不仅是宗教信仰的核心场所，也承载着厚重的历史文化印记。

2.1.4 长三角的空间格局

长三角地区的山水城乡空间是一个多元而动态的地理现象，不仅呈现出自然与人文的复杂关系，也展现了城市化与可持续发展带来的挑战。长三角地区的山水城乡空间具有错综复杂的多层次特征，受到地理条件、历史因素和城市化发展的多重影响，将自然景观、城市建设和乡村风貌有机地融合。

1. 自然山水空间

长三角地区的自然山水空间受到地理环境的塑造，丰富多样的自然地理景观包括山脉、丘陵、湖泊等。例如，位于浙江的天目山，作为地区的重要山脉，不仅具有独特的地貌景观，还承载了丰富的文化内涵，被视为文化与自然相互融合的典范。位于浙江湖州的千岛湖，以其秀丽的岛屿景观和清澈的湖水吸引了大量游客。浙江西山以奇特的地貌和植被类型为特征，不仅是生态系统的重要组成部分，也为休闲旅游提供了场所。自然山水空间在地区发展中既需要保护，又可以为生态旅游和可持续发展提供动力。

2. 城市空间

长三角地区的城市空间极具现代化特色，是长三角地区经济、社会和文化活动的集中体现。上海、南京、杭州等大型城市成为地区的发展引擎，城市空间的塑造不仅涵盖城市建设和规划，还包括历史遗产的保护和城市更新。以上海为例，陆家嘴的摩天大楼和外滩的历史建筑形成了独特的城市肌理，展现了近代城市发展与历史文化的交融；上海浦东的高速发展和城市化进程，将荒凉的滨海土地变成了现代国际性金融中心。

3. 乡村空间

长三角地区的乡村空间展现出城乡融合与多样性。乡村在城市化和现代化进程中扮演着重要角色。浙江的西塘古镇以其古老的街巷和传统建筑为特色，成为乡村振兴与文化保护的范例。浙江安吉的茶园、竹海和田野交织在一起，形成了独特的乡村风景。乡村旅游项目吸引了大量游客前来体验田园生活。在浙江杭州的千岛湖周边，一些乡村地区通过发展农家乐和乡村旅游，成功地将乡村风貌与现代服务业相结合。这一乡村空间的塑造不仅提升了当地居民的生活质量，也为城市居民提供了休闲度假的场所。

4. 城乡接合带

长三角地区的城乡接合带是城市扩张和乡村现代化的过渡区域，也是城市与乡村融合的重要区域。这些带状区域在经济、社会和环境等方面具有多重性质。杭州西湖风景名胜区周边的城乡接合带，既保留了乡村风貌，又发展了乡村旅游和现代农业。苏州的木渎古镇，既保留了古老的水乡风貌，又融入现代旅游业和文化创意产业，实现了传统与现代的和谐共生。苏州的吴中区，既保留了传统的水乡乡村景观，又逐渐发展成为城市周边的高新技术产业园区，实现了城市与乡村的有机结合。

5. 生态空间

长三角地区的生态空间在城市化背景下具有重要的价值，越来越受到人们的重视。浙江湖州的南浔古镇，在保护历史文化的同时，强调了生态环境的修复与保护。嘉兴的南湖湿地公园为城市居民提供了一个欣赏自然湿地景观的场所，同时也发挥了水体保护和生态平衡的作用。杭州湾湿地是区域内的一个重要生态空间，它不仅有着丰富的生物多样性，还在缓解全球变暖和环境保护方面具有重要作用。

2.2 长三角山水城乡空间的规划目标

2.2.1 战略定位

（1）全国发展强劲活跃增长极。加强创新策源能力建设，构建现代化经济体系，提高资源集约节约利用水平和整体经济效益，提升参与全球资源配置和竞争能力，增强对全国经济发展的影响力和带动力，持续提高对全国经济增长的贡献率。

（2）全国高质量发展样板区。坚定不移贯彻新发展理念，提升科技创新和产业融合发展能力，提高城乡区域协调发展水平，打造和谐共生绿色发展样板，形成协同开放发展新格局，开创普惠便利、共享发展新局面，率先实现质量变革、效率变革、动力变革，在全国发展版图上不断增添高质量发展板块。

（3）率先基本实现现代化引领区。着眼基本实现现代化，进一步增强经济实力、科技实力，在创新型国家建设中发挥重要作用，大力推动法治社会、法治政府建设，加强和创新社会治理，培育和践行社会主义核心价值观，弘扬中华传统文化，显著提升人民群众生活水平，走在全国现代化建设前列。

（4）区域一体化发展示范区。深化跨区域合作，形成一体化发展市场体系，率先实现基础设施互联互通、科创产业深度融合、生态环境共保联治、公共服务普惠共享，推动区域一体化发展从项目协同走向区域一体化制度创新，为全国其他区域一体化发展提供示范。

（5）新时代改革开放新高地。坚决破除条条框框、思维定势束缚，推进更高起点的深化改革和更高层次的对外开放，加快各类改革试点举措集中落实、率先突破和系统集成，以更大力度推进全方位开放，打造新时代改革开放新高地①。

2.2.2 发展目标

到 2025 年，长三角一体化发展取得实质性进展。跨界区域、城市乡村等区域板块一体化发展达到较高水平，在科创产业、基础设施、生态环境、公共服务等领域基本实现一体化发展，全面建立一体化发展机制。

城乡区域协调发展格局基本形成。上海服务功能进一步提升，江苏、浙江、安徽比较优势充分发挥。城市群同城化水平进一步提高，各城市群之间高效联动。省际毗邻地区和跨界区域一体化发展探索形成经验制度。城乡融合、乡村振兴取得显著成效。到 2025 年，中心区城乡居民收入差距控制在 2.2 ∶ 1 以内，中心区人均生产总值与全域人均生产总值差距缩小到 1.2 ∶ 1，常住人口城镇化率达到 70%。

科创产业融合发展体系基本建立。区域协同创新体系基本形成，成为全国重要创新策源地。优势产业领域竞争力进一步增强，形成若干世界级产业集群。创新链与产业链深度融合，产业迈向中高端。到 2025 年，研发投入强度达到 3% 以上，科技进步贡献率达到 65%，高技术产业产值占规模以上工业总产值比重达到 18%。

基础设施互联互通基本实现。轨道上的长三角基本建成，省际公路通达能力进一步提升，世界级机场群体系基本形成，港口群联动协作成效显著。能源安全供应和互济互保能力明显提高，新一代信息设施率先布局成网，安全可控的水网工程体系基本建成，重要江河骨干堤防全面达标。到 2025 年，铁路网密度达到 507km/ 万 km^2，高速公路密度达到 5km/ 百 km^2，5G 网络覆盖率达到 80%。

生态环境共保联治能力显著提升。跨区域跨流域生态网络基本形成，优质生态产品供给能力不断提升。环境污染联防联治机制有效运行，区域突出环境问题得到有效治理。生态环境协同监管体系基本建立，区域生态补偿机制更加完善，生态环境质量总体提高。到 2025 年，细颗粒物（$PM_{2.5}$）平均浓度总体达标，地级及以上城市空气质量

① 中共中央 国务院印发《长江三角洲区域一体化发展规划纲要》[J]. 中华人民共和国国务院公报，2019（12）.

优良天数比率达到 80% 以上，跨界河流断面水质达标率达到 80%，单位生产总值能耗较 2017 年下降 10%。

公共服务便利共享水平明显提高。基本公共服务标准体系基本建立，率先实现基本公共服务均等化。全面提升非基本公共服务供给能力和供给质量，人民群众美好生活需要基本满足。到 2025 年，人均公共财政支出达到 2.1 万元，劳动年龄人口平均受教育年限达到 11.5 年，人均期望寿命达到 79 岁。

一体化体制机制更加有效。资源要素有序自由流动，统一开放的市场体系基本建立。行政壁垒逐步消除，一体化制度体系更加健全。与国际接轨的通行规则基本建立，协同开放达到更高水平。制度性交易成本明显降低，营商环境显著改善。

到 2035 年，长三角一体化发展达到较高水平。现代化经济体系基本建成，城乡区域差距明显缩小，公共服务水平趋于均衡，基础设施互联互通全面实现，人民基本生活保障水平大体相当，一体化发展体制机制更加完善，整体达到全国领先水平，成为最具影响力和带动力的强劲活跃增长极[①]。

2.3 长三角山水城乡空间的发展难题

长三角地区的山水城乡空间在多元化和变革中不断演进，通过整合自然资源、发展城市和保护乡村，地区在实现经济繁荣的同时也在探索可持续发展路径。城镇、乡村、生态等不同类型空间的相互作用和融合，塑造了长三角地区独特的自然与人文地理面貌。作为中国经济最发达、城市化程度最高的地区之一，长三角地区的山水城乡空间规划面临着一系列独特而复杂的挑战，涉及自然保护、经济高质量发展、乡村振兴、生态平衡等方方面面。

① 中共中央 国务院印发《长江三角洲区域一体化发展规划纲要》[J]. 中华人民共和国国务院公报，2019（12）.

2.3.1 城镇空间拓展

相关研究利用景观扩展指数（LEI）对长三角地区1990—2000年、2000—2010年和2010—2018年三个阶段新增的城市空间进行标识，将城镇空间拓展模式分为边缘拓展型、内部填充型和飞地发展型三种模式。从时间演进维度看：长三角地区城镇空间拓展模式经历了从“飞地发展型＋边缘拓展型”到以“边缘拓展型”为主再到“边缘拓展型＋内部填充型”的演进过程。其中，1990—2000年，上海、南京、杭州等区域中心城市的边缘地带和乡镇工业地区以飞地发展和边缘拓展为主；2000年后，在市场经济的作用下，边缘拓展模式逐渐占据主流，形成了长三角核心区域的连绵发展态势，如苏锡常（苏州、无锡、常州）、杭嘉湖（杭州、嘉兴、西湖）等。2010年后，随着新型城镇化转型与空间规划变革，长三角地区开始以更紧凑的城市空间发展模式为主导，内部填充型发展模式的占比明显上升，城市空间进入精明增长阶段[①]（表2-2）。

长三角区域的城市空间拓展速度和强度对比 表2-2

项目	1990—2000年	2000—2010年	2010—2018年
年均增长量（km^2）	319.49	1017.39	2161.61
年均增长率（%）	5.50	8.78	9.15
空间扩展强度（%）	0.15	0.48	1.01

2.3.2 土地利用变化

相关研究分析了1985—2015年的长三角地区土地利用情况[②]，发现耕地仍是长三角地区占比最大的土地利用类型，主要分布在江苏地区；其次是林地，主要分布在浙江地区；占比最小的土地利用类型是未利用地。但在1985—2015年的30年间，长三角地区的土地利用类型发生了巨大变化，尤以长江以南和杭州湾以北的区域最为显著，主要表现为以下几个特征：

（1）城镇扩张较快：人口稠密、经济发达使长三角地区的城镇建设用地快速增长，1985—2015年，30个城市建设用地大幅增长，净增加面积达到11049km^2，其中

---

① 潘鑫，张尚武．长三角地区城市空间扩展时空格局与特征研究[J]．上海城市管理，2023，32（3）：75-84.

② 王兴敏．长三角地区土地利用变化的景观生态干扰效应研究[D]．南京：南京农业大学，2017.

南通、无锡、宁波、台州等 13 个城市建设用地面积增幅超过 100%，苏州增幅最大，达 303%。而新增建设用地多由耕地转变而来。

（2）耕地大幅减少：与城镇建设用地高速增长相对应的是，长三角地区耕地面积大幅下降，1985—2015 年的 30 年间，耕地面积减少 20.47%，每年减少幅度平均为 $407km^2$，远超全国同期水平。其中以苏州、无锡、上海降幅最大，分别为 41.28%、30.85% 和 30%。造成耕地面积下降的直接因素是城镇扩张和道路交通建设，间接因素则是林、牧、渔等农业内部结构调整。

（3）水域面积增加：长三角地区河网密布，水域面积占土地总面积的 9.55%，同时，1985—2015 年，水域面积仍在持续增长，30 年净增长 $1278km^2$，新增水域多由耕地转变而来（图 2-1）。

图 2-1　长三角地区三生空间变化示意图

2.3.3　景观质量变化

由于城镇化进程的快速推进，生态斑块逐渐碎片化，导致不同景观间的连通性逐步减弱。如何维持城市生态系统中各类型斑块之间的连续性，是实现区域可持续发展的重要课题。景观连接度是量化评价不同生态斑块在结构、功能或生态过程方面的有机联系的重要指标。相关研究通过计算 1985—2015 年长三角地区各市的景观连接度，探讨长三角地区的景观格局与环境演变特征。研究发现：

1985—2015 年，长三角地区林地景观的破碎化程度有所加剧，30 年林地面积减少 $68km^2$，但林地斑块量由 14647 个增至 19111 个，增幅高达 30%。同时，区域景观连接度总体呈下降态势，具有高水平和较高水平连接度的生态斑块面积分别减少了

3016km^2 和 2077km^2，而低连接度的生态斑块面积则增加了 2049km^2，增长率高达 162%。除台州、湖州、绍兴、舟山 4 市的景观连接度总体保持相对较高以外，其他城市的景观连接度都有显著的下降，11 个地区的低连接度生态斑块面积的增长速度超过了 100%，上海低连接度生态斑块面积占比高达 21.67%。

2.4 长三角山水城乡空间的规划改革

长三角地区山水城乡空间规划面临的问题复杂多样，需要政府、企业、社会各界通盘考虑，通力合作，从经济、社会、文化、环境等各个方面进行综合考量。在实践中，需要不断总结经验，因地制宜地制定政策，平衡各种利益，以实现经济、社会和环境的可持续发展。在国土空间规划体系下，长三角地区的山水城乡空间规划改革呈现了以下趋向。

1. 城市群协同发展

鼓励区域协同发展，以城市群为核心，跨尺度制定整体规划，加强城市间的合作和互补，促进区域间资源、产业和人口的有序流动，实现协同发展。上海市与周边江苏、浙江、安徽三省协商制定了《长江三角洲地区城市群发展规划》，明确了发展目标和跨区域合作的优先领域。

2. 生态保护和修复优先

强调生态优先、绿色发展，大力加强生态建设，加大绿道、河道绿化等基础设施建设，恢复和改善生态，通过划定生态红线、划定环保区域等方式，对重要生态系统、生物多样性等进行保护。杭州的城市绿道网络将城市中的绿地与景观相连，给人们提供了休闲活动场所。湖州在国土空间规划中设立“绿色生态廊道”，将生态空间串联起来，保障生态系统的连续性，提出“湖长制”模式，通过湖泊生态修复，改善水质，保护湖区生态系统。

3. 乡村振兴与城乡融合

强调城乡融合发展，通过助力乡村建设、赋能农业发展、促进农民健康、丰富乡村文化、拓宽旅游场景等，促进城乡一体化发展。嘉兴乌镇连续十年承办世界互联网大会乌镇峰会，以会引流，成为国际知名的文化旅游目的地和数字经济先锋地。昆山打造

"锦溪古镇"，通过保护传统建筑和激发创意文化，实现乡村振兴与文化传承的有机融合。淳安通过建设"千岛湖都市农业示范区"，将现代农业和休闲观光相结合，推动城乡融合发展。

4. 多元文化保护与传承

注重保护多元的历史文化和传统风貌。苏州古城不仅保留了古建筑，还传承了传统的手工艺和民俗文化，造就了"江南园林甲天下，苏州园林甲江南"的美称。南京秦淮河历史文化保护区将古老的街巷与现代文化活动相结合，实现历史与现代的共生。

5. 基础设施建设和交通网络优化

强调打造互联互通的基础设施网络，加大交通枢纽规划建设力度，全面提升区域交通便捷性。杭州—绍兴、上海—苏州地铁实现无缝换乘，极大地缩短城市间的时空距离，实现都市圈同城化。

6. 生态农业和可持续发展

倡导绿色农业和可持续发展，在农业领域推动生态农业和农村产业升级，通过有机农业、循环农业等方式大幅提升农业的生产效益和环境友好程度。

7. 产业结构升级与创新驱动

为鼓励产业结构升级和创新驱动，苏州工业园区引进了众多高科技企业，推动了传统产业向高端制造和创新领域转型。

8. 可持续发展和社会公平

倡导可持续发展和社会公平，在城乡发展中更加注重均衡和包容，致力于缩小城乡差距，提升农村居民的社会福利。浙江推行"同城化待遇"，让农村居民也能享受社保，在城市里也能享受同质公共服务。上海推出"住房保障和租赁同权"政策，提供平等的住房机会。

9. 综合治理和风险防控

重视综合治理和风险防控工作，浙江加强地质灾害防治，制定土地开发和建设的限制政策，降低地质风险。

10. 智慧城市和创新经济

为鼓励创新和智慧城市建设，在城市规划中加强信息技术的应用。上海自贸试验区在国土规划中加强数字经济和智慧产业的发展，推动经济结构升级。

3 国际山水城乡空间规划的进展与经验

国际山水城乡空间研究的演进历程

国际山水城乡空间规划的发展历程

国际山水城乡空间规划的典型实践

国际山水城乡规划管控的政策工具

国际山水城乡空间规划的经验借鉴

3.1 国际山水城乡空间研究的演进历程

山水城市作为我国本土化的学术概念，在国外没有完整、独立的研究体系，现有研究多侧重山水城市的某一研究视角，或与山水城市的某一研究理论或观点具有关联性与相似性。国际研究中与山水城市高度相关的研究方向包括低影响开发、生态城市设计、绿色基础设施建设、绿色可持续发展等。

国际山水城市城乡空间相关的研究可追溯至霍华德的“田园城市”、柯布西耶的“光明城市”、赖特的“广亩城市”、雷蒙·恩温的“卫星城市”等规划思想，其对现代城市发展过程中出现的无序扩张、交通拥堵、人口过密、环境污染等问题进行了全面反思，从人与自然和谐共生的角度对现代城市的发展模式与空间环境要素间的关系进行了深入探讨。1900 年代，盖迪斯率先将生态学的理论与方法引入城市规划设计领域，提出“人类社会的运转必须与其所处的自然环境在供求关系上取得平衡，才能长久地保持活力”。1950 年代，西方现代生态学科的兴起推动了自然主义城市规划研究的发展。1960 年，鲍罗·索勒里提出城市建筑生态学理论，认为人居环境中存在着自然一人工系统相互耦合作用的复杂机制，并进一步提出了“缩微化、复杂性、持续性”的人居环境生态系统构建原则。1971 年，麦克哈格立足于人工环境与自然环境有机结合、融合的视角，构建了一套人与自然协调共生的复合生态系统及相应的规划设计方法。

1980 年代，快速城镇化与工业化进程中的生态环境问题逐渐凸显，生态友好的人居环境规划设计成为全球热点议题，可持续发展理念的提出为生态城市思想提供了坚实基础。生态城市的内涵包括自然地理、社会功能、文化意识三个层次，其中，第一层次为自然地理层次，即通过生态环境保护实现城市生态系统的协调与平衡；第二层次为社会功能层次，即通过城市组织结构与功能的调整增强城市生态系统功能；第三层次为文化意识层次，即通过人的生态意识，将生态城市规划建设从外在控制转变为内在调节①。1984 年“人与生物圈计划”报告提出了有关生态城市规划的五项原则，即生态保护战略（包括自然保护、动植物区系及资源保护和污染防治）、生态基础设施（自然景观和

① 黄萍 . 生态城市构想一二三 [J]. 中华建设，2006（5）：2.

乡村腹地对城市的持久支持能力）、居民的生活标准、历史文化的保护、将自然融入城市，这五项原则成为指导西方生态城市建设的重要理论基础[①]。1987年，杨诺斯基提出理想栖居模式——生态理想城模型，其特点为：技术与自然充分融合、人的创造力得到最大限度的发挥，居民身心健康与环境质量得到最大限度的保护，物质能量和信息高效利用，深刻影响了苏联各国的生态城市建设。

后工业化时代，尽管生态保护与绿色可持续发展仍是城市规划建设领域的热点议题，但空间宜居性、美观性和高效性成为21世纪西方城市规划的主流理念，城市规划也逐渐演变成为一门融合生态学、心理学、社会学的跨学科科学。相关研究基于空间叙事学、空间现象学和环境行为学等论述了城市风貌的重要性和城市景观的演进性，强调人对空间场所及环境景观的感知，引入“可意象性”“场所精神”“存在空间”等概念[②③]，与国内山水城市空间规划研究中的“意境”内涵十分贴近，西方生态城市规划研究开始从生态保护与污染防治导向转向更为综合的景观美学与文化塑造导向。

综上所述，尽管国外尚未形成“山水城市规划”的独立研究体系，但生态城市、花园城市等理论与研究成果对我国山水城市规划建设也产生了有益启发和深远影响。国外相关理论研究经历了从技术导向到技术与人文并重的发展转变，也为我国山水城乡空间研究提供了有益参考。

3.2　国际山水城乡空间规划的发展历程

3.2.1　城市发展早期

纵览全球城市发展史，早期城市发育于地理位置优越、气候湿润且河流水系丰富的区域。由于社会生产力尚不发达，这些城市多数因循自然山水地形而建，呈现小而紧凑

① 孙璐，庞昌伟．俄罗斯生态城市建设与中俄互鉴 [J]. 俄罗斯东欧中亚研究，2020（3）：15.

② 凯文·林奇．城市意象 [M]. 方益萍，何晓军，译．北京：华夏出版社，2001：35.

③ 诺伯格·舒尔兹．场所精神：迈向建筑现象学 [M]. 施植明，译．武汉：华中科技大学出版社，2010.

的空间形态，城市居民与自然山水之间维持着紧密的联系。例如，两河流域早期城市乌尔城以山岳台为城市公共中心（土台上设置公共建筑与商业设施），并以两个港口与水道相通；新巴比伦城横跨幼发拉底河两岸，沿城市主轴线及河流两岸布置公共建筑，在城中山岳台设置马尔杜克神庙；欧洲早期城市罗马城在七座山丘之上建设，被称为“七丘之城”；古代美洲城市选址也考虑防卫和水源等因素，依托山坡、靠近河流，就地取材进行建设。

3.2.2 园林建设阶段

城市园林建设是通过人类主观改造，将自然景观引入城市内部的开端。西方的城市园林最早可以追溯至古希腊时期，由于倡导奴隶制度下的民主政治与自由论辩风气，古希腊贵族将花园捐赠给雅典城，用作公共聚会及各类社交活动的场所，这些花园多拥有林荫道、草地等生态空间，并配置凉亭、座椅、花卉、雕像等设施，是最早的城市公园雏形。

在西方园林数千年的建设与发展过程中，城市公园雏形主要发育于以下三种类型：一是私人园林的开放，西方众多国家的皇室与贵族都曾将私人庄园、王宫庭园、大型猎苑等向公众开放，例如英国的海德公园、圣詹姆斯公园、摄政公园均源于大型猎苑向公众开放，德国柏林的蒂尔加藤公园、奥地利维也纳的普拉特公园和奥格藤公园、意大利的波波里花园、法国的凡尔赛宫苑等也均为王室庭园或猎苑开放形成的公园。二是城市公共空间转化，早期西方城市的居民活动多是围绕各类公共空间展开的，例如中世纪城市多设有林荫广场、娱乐场和比武竞技场等公共场所，城门前还设有供行人驻足休憩的小型庭园，许多小城镇都有自己的公地供当地居民开展各类文体活动或举行商业集市；16 世纪开始，欧洲城市盛行散步道，在公地和海滨、河滨建设许多“大道”，点缀花木、雕塑、柱廊等，基本具备了城市公园的主要功能。三是私人土地新建城市公园，部分城市公园源于具有公民理想或社会责任感的私人出资修建，例如法国巴黎的蒙梭公园，英国利物浦的普林赛斯公园、索尔福德的皮尔公园、曼彻斯特的皇后公园和飞利浦公园等。但早期城市公园多数为社会上层所持有或建设，未能系统融入城市空间形态，对塑造城市空间格局的作用十分有限。

3.2.3 公园运动阶段

18 世纪的工业革命导致了城市人口的聚集和规模的扩张，这使得人们开始寻求通过城市绿地系统与公共空间的合理规划布局，以避免城市人居环境的持续恶化。1840 年英国开始出现建设城市公园的热潮，利物浦的伯肯海德公园是全球首个由政府承担维护责任、使用公共资金收购公园用地进行开发建设并向公众开放的城市公园。与此同时，美国也建成其首个城市公园——纽约中央公园，成为其他城市公园的重要样板。在此之后，城市公园的建设热潮开始兴起。以伦敦为例，1889 年全市公园总面积达到 1074hm^2，10 年之后又增加到 1483hm^2，反映了当时城市公园发展速度之快，这一运动也被命名为“城市公园运动”。

在城市公园大量兴建的同时，如何通过公园绿地系统各要素的合理布局，逐步实现人居空间供给的高质量升级，成为当时城市规划实践中的关注焦点。1903 年的波士顿“翡翠项链”公园系统被誉为全球城市绿廊系统的开创者，其通过绿廊系统串联波士顿公园、公共花园、联邦大道、后湾沼泽地、河道景区、奥姆斯特德公园、牙买加池塘、阿诺德植物园和富兰克林公园等 9 个城市公园和 12 个城市主要区域，形成贯穿城市的绿色走廊，激活沿线社区活力。随后，许多其他国家纷纷效仿，形成了一系列各具特色的城市绿地系统。1919 年的《伦敦发展规划》提出将伦敦外围郊区变为绿色空间，并于 1967 年正式开展伦敦环城“绿链计划”，由伦敦绿地系统形成绿色网络，环城绿带呈楔状嵌入，绿楔、绿廊、河流将城市各级绿地连成网络，形成便捷可及、功能多样、有机交融的城市蓝绿空间网络。波士顿的翡翠项链公园系统（图 3-1）和伦敦环城绿带规划为后续山水城市的开放空间和自然保护区规划提供了全面、系统的框架模板。

3.2.4 生态城市阶段

1970 年代后，全球化、城市化的进程加快，人口资源环境愈发紧张，生态环境问题日益凸显，城市规划建设与治理者开始更加重视自然生态价值，同时随着生态学领域研究的不断拓展与深入，人们对自然生态系统的运作机理有了更深刻的理解，生态城市的规划建设实践开始大量出现，城市公园绿地系统规划从纯粹的空间形态设计转向整体生态系统的规划。生态城市最初发源、流行于欧洲，尤以北欧的瑞典和丹麦为盛，逐渐

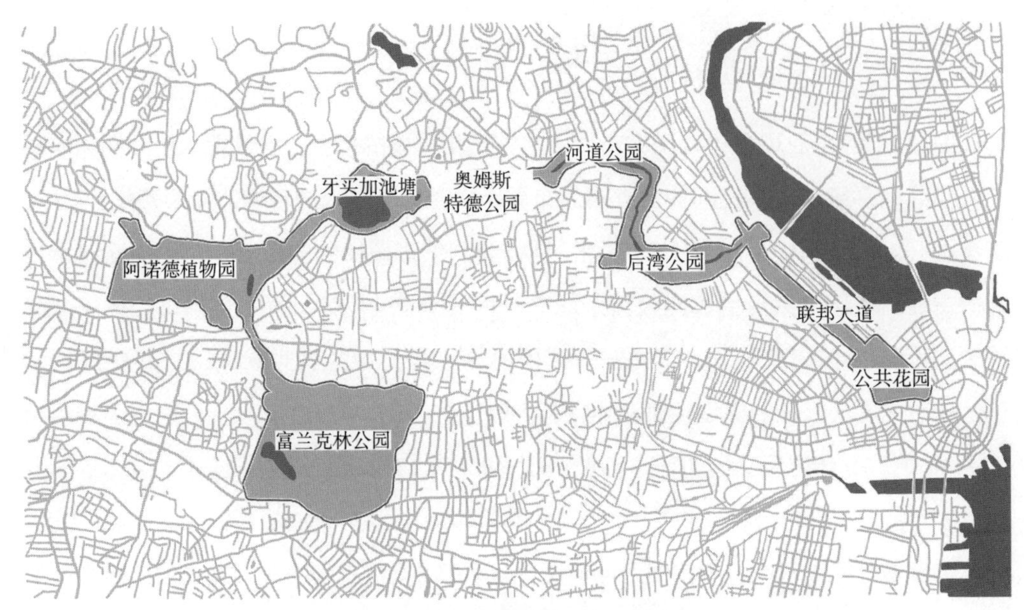

图 3-1 波士顿“翡翠项链”公园系统

向南拓展至挪威、德国、比利时等地，诞生了马尔默（瑞典）、都柏林（爱尔兰）、塔林（爱沙尼亚）等 6 座最为著名的生态城市[①]。

此后，生态城市规划建设实践开始向北美洲和大洋洲地区拓展。由于北美洲和大洋洲地广人稀、生态环境优良、自然资源丰富，其生态环境建设任务不似欧洲迫切，但仍有国际公益组织或私人基金会支持城镇生态社区建设。加拿大学者综合梳理各国在不同自然条件和社会经济背景下开展的生态城市规划建设实践，将生态城市分为三种类型：一是绿色城市，即以扩大和保障城市自然环境、为居民营造良好的生态体验为主要目标；二是超越极限城市，即克服现状城市发展局限，通过城市有机更新、基础设施建设、生态修复与环境污染防治等手段，实现城市经济长效发展；三是健康城市，即充分考虑未来代际利益，充分预留自然资源与生态环境可承载空间，实现健康永续发展。

3.2.5 人本可持续阶段

进入 21 世纪，可持续发展已成为国际社会的重要议程。在全球城市的规划和建设

① 孙璐，庞昌伟．俄罗斯生态城市建设与中俄互鉴 [J]. 俄罗斯东欧中亚研究，2020（3）：15.

中，健康、安全、舒适和便利的人居环境已经成为共识性愿景。以生态学研究为基础，通过自然要素与城市功能板块的合理规划布局，实现城市居民的公共效益最大化，已成为当前城市规划建设者和治理者所面临的重要课题之一。同时，伴随着交通、通信网络等基础设施的高速发展，全球化的城市体系格局已经形成，跨区域、城乡、陆海间的协调可持续发展引起了普遍重视，在城乡空间规划设计中更加强调从多尺度视角加强山水蓝绿空间的保护、组织、联系和平衡，山水城乡空间规划实践逐步转向区域化、生态化、网络化、多元化和综合化发展方向。例如，大芝加哥都市区 2040 区域框架规划以“中心—走廊—绿色空间”为城市蓝绿空间规划建设的三大基本要素，要求确定不同层次的区域中心、使用多种交通模式的走廊连接中心、保护重要绿地，实现多尺度的人与自然和谐共生。

3.3 国际山水城乡空间规划的典型实践

各国和地区根据其独特的文化、自然环境和发展需求，在可持续发展、城市更新、智慧城市、创意产业、社区参与和区域合作等多个领域，对山水城乡空间规划设计的政策和方法进行了创新性探索。

3.3.1 打造生态友好型城市

全球正步入资源环境友好、低碳可持续的生态文明时代。在这样的时代背景下，各国的城市规划设计均致力于以绿色发展为引领，实现生态保护、人文历史和城市发展的有机结合，持续探索如何将生态优势转化为经济和社会发展的新动力。

1. 美国五大湖地区：人与自然和谐共生的国际典范

2009 年，由 SOM 城市设计公司主导编制了美国五大湖地区的百年愿景规划。规划提出，在未来发展中，“人们如何应对水”将是全球普遍需要面对的巨大挑战，水的生态平衡和安全性将直接影响到流域居民的可持续发展。进而，该规划为五大湖地区提出了“人与自然和谐共生的国际典范区”的目标愿景，并进一步细分为七个子目标，包括充满活力的 21 世纪经济、水资源的保护、自然栖息地的恢复、多元文化的推广、气候变化的应对、基础设施的改造以及健康城市的打造等。该规划在核心战略中特别凸显了以水生态为基础的流域联合行动，包括但不限于加强低碳经济相关科学研究、构建跨国的绿地公园体系、重塑滨水地区价值、优化能源使用模式、建立高效且环保的交通网络等。此外，该规划还提出了针对城市、街区和建筑尺度的具体生态化措施。在这一综合性规划的指引下，五大湖地区展开了一场跨越国界的生态保护与可持续发展的联合行动。

2. 新加坡的生态市镇：从“花园城市”迈向“自然中的城市”

新加坡是一座享誉世界的高密度宜居城市，其以 24 个新市镇为基本构成单元。新市镇是落实新加坡“居者有其屋”和“花园城市”等规划目标的重要载体，其规划的突出特点是全面融入生态城市理念，为居民提供便利的生活空间、高效的生产空间和优质的生态空间。新加坡的新市镇规划在全球生态城市规划的发展演进中不断迭代升级。其中：

雏形阶段的代表为花园市镇——碧山镇，其在规划设计中有意识地系统植入自然生态和水系，形成镇级公园、社区公园、邻里公园三级公园体系，并以宏茂桥公园为试点，提出打造“ABC 水计划”，即活力、美丽、清洁的水源体系，通过对城市河道进行生态化改造、拓宽滨河步道、新增人性化设施和扩大绿色开放空间、建立生态净化群落等手段，为市民提供良好的生活环境，并将宏茂桥公园转变为一个充满活力的、新型的社区纽带和娱乐场所。

成型阶段的代表为生态镇——榜鹅镇，其规划建设标志着新加坡城市愿景从“花园城市”升级为“花园中的城市”。榜鹅镇规划强调将自然引入市镇，本着“依镇而建，濒水而居”的理念沿河道建造海滨住宅，将屋顶绿化和垂直绿化系统植入榜鹅镇城市空间及建筑设计，并运用城市环境模拟技术模拟风流和太阳辐照度模式，成为新加坡现代科技与生态理念相结合的城市规划试验田。

升华阶段的代表为森林市镇——登加镇，其规划建设标志着新加坡城市愿景从“花园中的城市”升级为“自然中的城市”。登加镇采用了以自然为基础的生态解决方案，其设计了长 5km、宽 100m 的登加生态廊道，将周边三大自然保护区串联，同时规划设计五个各具特色并与森林市镇主题相关的居住社区（田园区、绿苑区、园林区、红砖区、山景区）和一个多层设计交通分流的无车市镇中心，从而为居民提供绿色、便利、安全、宜居的居住体验。

面向未来的代表为与自然共生市镇——新邦镇，其是新加坡最后的规划边界之一，规划理念为全面破除城市和自然之间的对立边界、最大限度地保留本地原生生态系统、探索构建自足自居的新镇社区。其规划以生态保护为前提，构建了土地分级分类体系，通过“森林混合”和“森林住宅”两种模式，将城市渐隐于自然森林中，通过用地功能板块的有机组织实现从城市集中建设区到自然生态区域的衔接过渡，通过建立社区生态农业体系、可再生系统、清洁能源供应系统等，推动循环经济发展转型。

3.3.2 引导高质量发展转型

在“互联网 +”的推动下，新的技术革命正在进行，全球发展步入了一个由创新驱动和知识经济主导的新时期。秉承“有好风景的地方就有新经济”的机遇，世界各地在山水城乡空间的规划中，积极探索产业创新的多元形式与组织模式，增强其在全球价值链中的地位，并为区域的高品质发展提供强大的推动力。

1. 德国的产业重镇：“小镇大产”打造创新生态圈

德国拥有高度发达的城乡均衡网络，一个看似不显眼的区域可能孕育出全球最具竞争力的产业。全球许多顶级企业的总部均设立在人口规模仅 10 万左右的小镇上，这些产业重镇吸引了 70% 的就业人口和大量的年轻人才。这种发展策略既避免了城市的大规模集聚与连绵发展造成的生态空间挤占与破坏，也使每个小镇都能在特定领域实现专精化，形成了错位生长、无缝协作、抱团发展的产业生态圈和疏密有致、多中心网络化的城镇空间格局。这些城镇集群已成为德国经济发展的重要引擎，不仅带动了就业增长和人才聚集，也促进了科技创新和产业升级。

2. 美国硅谷圣克拉拉：彰显社区氛围的创新型小镇

美国硅谷作为创新区域的早期典范，在近几年的发展过程中持续调整空间规划策略，以满足知识经济和创新型人才的新需求。位于硅谷中心的圣克拉拉于 2008 年制定《圣克拉拉市总体规划（2010—2035 年）》，强调要深入挖掘城市历史文脉，从本地农业小镇中提取城市文化基因，重塑小镇生活氛围，打造充满活力的宜居小镇。进一步地，该规划提出九方面的具体行动，包括保持城市的“小镇感”、倡导交通枢纽的商住混合、激活市中心地标、改善城市商业走廊的视觉和物理空间特征、提高城市的可步行性和骑行可达性、提升公共交通的通达性、提升工商业的多样性、打造社区商业中心、打造优质公共空间与公共服务设施。

3.3.3 增进跨区域对流互促

随着经济的全球化发展，跨区域交流协作与大尺度规划已成为世界各国规划中的热点，如何构建责任共担、成果共享、利益共赢的长期区域合作机制，增强区域内各城市在资源共享与协同创新、生态环境共同治理与历史文脉保护利用方面分工协作与网络联系，促进各要素的高效率交流互通，是现代山水城市空间规划的重点。

1. 欧洲之心："欧洲庭园"

2004 年，捷克、斯洛伐克、匈牙利等新的成员国加入欧盟，使欧盟的地缘战略格局发生了巨大转变，原先处于外缘区域的中欧迎来了前所未有的机遇，与此同时，各类政治、经济、文化的碰撞冲突也随之而来。如何以空间规划为引擎，通过宜居、活力、具有归属感的场所营造，调和各成员国间矛盾、凝聚发展，成了迫切需要解决的问题。在此背景下，奥地利的维也纳与捷克、斯洛伐克、匈牙利的相关区域联合启动欧洲之心（Centrope）的合作项目，旨在为打造"无边界的欧洲"提供前期的制度建设探索。《欧洲之心发展战略 2013^{+}》提出知识区域建构、人力资源共享、空间布局整合、交通基础设施互通、文化旅游互促等策略，并以"欧洲庭园"为主题，结合区域特征，力图建立独特可识别的区域生态空间，"庭院"既有在城市密集地区仍可享受到优美的自然环境的含义，也承担着东欧、西欧交融、交流的公共文化空间功能。"欧洲庭园"的规划不仅提升了东欧、西欧交界处的空间品质，也促成了创新型产业集群和智力资源的集聚。

2. 兰斯塔德地区："重视地方发展意向的网络化都市区"

兰斯塔德地区位于荷兰的西部，是由阿姆斯特丹、海牙、鹿特丹和乌得勒支四个主要城市以及多个小型城市构成的多中心城市集群。"绿心"的存在，不仅是一种自然景观，更是一种城市发展理念。地区中央地带约 400km^2 的农田形成了一个被称为"绿心"的开放区域，其不仅是一种自然生态景观，更是一种广域协同、绿色发展的城市理念。《兰斯塔德 2040 结构愿景规划》提出：共建"一个具有竞争力的、可持续发展的欧洲重要地区"，要求在强化节点城市的专业职能和确保地方发展意向的基础上，通过空间规划汇聚区域合力。该规划从最初侧重于严格的开发控制和明确的城乡界限，逐步升级为塑造“蓝绿结构”与“城镇结构”相互融合的有机结构。规划紧密围绕打造安全的“蓝绿三角洲”、改进居住和工作环境、强化现有的优势分工以及空间和交通的协同发展等核心议题，为该地区的中长期发展制订了明确的行动计划。

3.3.4 营造高品质人居环境

随着经济社会的高速发展，人们对于居住品质和人文精神的追求也逐渐增强。在国际山水城乡空间的规划设计中，多重视应用紧凑的城市布局、高效的资源利用、生态友好的低影响开发、智慧社区的打造等手段，共同创造适应未来生活方式和生活需求的优质人居环境。

1. 丹麦哥本哈根：“指状”空间规划

哥本哈根在历版规划中始终致力于其“指状”空间结构的巩固和完善，通过制定法律法规敦促各市落实“手指规划”的主要原则，共同构建集约、紧凑的空间结构和可持续的交通网络，保护聚落间的绿色开敞空间和优质的农林生产空间，确保规划的社会成本和环境影响最小。同时，其更以慢行和公交分担率达 75% 为规划目标，提出构建由融合绿道的自行车道、独立的自行车高速公路和城市内部的自行车道组成的骑行网络，加强其与居住地、工作集中区及主要交通枢纽的衔接性[①]。

2. 美国旧金山：公交导向的集聚开发

旧金山在《旧金山湾区 2070 区域战略》中要求创建无缝衔接的公共交通网络，沿公共交通和商业廊道集聚发展，简化交通枢纽周边地带的土地开发审批程序，提升土地使用密度和多元化水平。

3. 法国巴黎：零碳社区规划

巴黎积极探索零碳韧性区块的建设模式，打造风能、太阳能等本地化的可再生能源供应体系，对建筑进行节能改造，提升地块内小型碳汇的服务供给能力，建设废弃物与水资源的全面循环系统，并通过发展新型交通、共享办公和社区农场降低对外交通发生量。

---

① 林坚，赵晔．“双碳”目标下的国土空间规划及用途管控 [J]. 科技导报，2022，40（6）：12-19.

3.4 国际山水城乡规划管控的政策工具

3.4.1 城市化地区的规划实施管控

1. 日本：都市再生计划中土地发展权的奖励转移

日本在详细规划层面实行都市再生特别区制度，其以“特别约定”的形式对日本原有控制性详细规划的待更新地区进行“规划覆盖”，使其可以“豁免”原有规划中的管控条款，利用与都市再生特别区相配套的一系列容积率奖励与转移制度，实现区内土地发展权利的再调配。都市再生特别区在都市再生紧急整备地域中划定，都市再生紧急整备地域区划是由地区政府提议、由国家政府批准确定、可为存量更新提供综合性政策奖励和广泛社会援助的一种政策性区划；而地市再生特别区区划则是由私人开发商提议、由地区政府批准确定的鼓励私人开发商促进周边地区改善、增强城市总体竞争力的一种政策性区划，都市再生紧急整备地域区划和都市再生特别区区划都体现了城市规划设计中“自上而下”的责任管控与“自下而上”的利益创造两种力量的统筹[①]。

日本拥有一套完备的容积率奖励制度，包括确定再次开发地区计划、高利用率地区计划、街区诱导型地区计划，以及容积率转移制度，包括特定街区制度、一团地认定制度、综合设计制度、特例容积率适用地区制度等。日本城市更新中容积率的奖励、转移与再分配的主要依据是城市更新项目对更新区域发展的贡献度，贡献度的评价标准取决于更新区域的定位与目标[②]（表 3-1）。

2. 法国：协议开发地区中土地发展权的分层调控

法国的协议开发地区规划（ZAC）是一项上承地方城市规划（PLU）、下接法定城市设计的规划制度，对位于我国的修建性详细规划，可视为在地方城市规划中划定一片深化编制详细管制方案的区域。协议开发区重视权益关系与空间要素的“两统筹”，一方面强调规划中多方参与、资源协商、协议赋权等原则；另一方面强调方案中的公私搭配、“肥瘦”搭配，引导城市整单元片区的综合性开发。

---

① 周显坤 . 城市更新区规划制度之研究 [D]. 北京：清华大学，2017.

② 陈磊，姜海 . 发达国家土地发展权配置：典型模式与经验启示 [J]. 农业经济问题，2022（4）.

日本都市再生中主要的容积率奖励与转移制度[①②] **表3-1**

类型	制度名称	制度内容
容积率奖励制度	确定再次开发地区计划	为对成规模的低利用率或者未进行使用的土地（工业场地、铁道车辆操作场、港口设施原址等）进行再开发与土地利用转换，可适当放宽容积率限制，规划“整合一体式的综合公共设施的建筑物”，实现土地的有效利用和城市功能的增强
	高利用率地区计划	为提高土地使用效率、促进碎片化小块用地的统合、使交通和防灾功能等更合理，在减少小规模建筑数量、保证公共空间面积不减的情况下，可提升容积率，降低建筑密度
	街区诱导型地区计划	为保护街区肌理，放宽容积率限制但严控建筑高度和退线
容积率转移制度	特定街区制度	是指城市示范性再生区域，为保障特定街区的环境布局、提升整体居住环境，规定同一街区内不同地块所有者之间或相邻街区之间的未利用容积率可相互转移
	一团地认定制度	为有效利用土地，可将相邻土地视作“一团地”（一个基地），团地内土地之间可以互相转移，来利用容积率
	综合设计制度	指特定街区制度和一团地认定制度的配套制度，利用综合设计模式使容积率的转移更高效，具体思路是通过将建筑用地共用化、大规模化促进土地有效合理使用，同时确保公共空间和空地用来改善市区环境
	特例容积率适用地区	将用于防灾安全的公共土地开发权转移到其他地块
	连担建筑物设计制度	为保留特定建筑物，开发权可以转移至同类连续用地的建筑物上
	容积率适合分配型地区规划	为改善环境和合理利用容积率，一定区域内的容积率可进行总量平衡与灵活分配

协议开发地区规划分层次进行不同利益主体之间的协调，在宏观层面编制总体发展计划，协调全民利益与地方政府利益，在中观层面编制空间规划设计方案，协调城市整体与地块局部利益，在微观层面编制项目设计方案，协调地块公众利益与私人利益。法国协议开发地区规划中的分层调控逻辑如表 3-2 所示。

协议开发地区规划在编制完成后，将城市空间设计的主要内容转译为法定性管控图则与管控文件，向上纳入对位于控规的地方城市规划（PLU）中，向下附加于土地交易合同中，以实现协议开发地区规划内容的“上传下达”[③]。

---

① 姚昭杰，刘国臻．我国土地权利法律制度发展趋向研究 [M]. 广州：中山大学出版社，2016.

② 薄力之．城市建设强度分区管控的国际经验及启示 [J]. 国际城市规划，2019，34（1）：89-98.

③ 陈洋．国土空间规划背景下的控规全覆盖方法探索：基于法国地方级城市规划的经验 [C]//. 中国城市规划学会．面向高质量发展的空间治理：2020 中国城市规划年会论文集：17 详细规划．北京：中国建筑工业出版社，2021：140-150.

法国协议开发地区规划中的分层土地开发权调控逻辑[①②] 表3-2

	协议开发区规划子项	具体管控内容	利益协调机制
宏观层面	总体发展计划	区块定位目标和发展的基本原则、重要规划控制指标（功能定位、土地区划、用地布局、高度分区）	协调全民利益与地方政府利益，总体发展计划需要从城市发展的整体性视角出发，由城市规划院承担该计划的编制，以保护城市居民的公众利益诉求，防止地方政府追求任期内的经济绩效而造成规划寻租或政府失灵
中观层面	空间规划设计（含公共空间设计与私人空间设计）	区块用地与结构布局的空间细化与设计，对私人地块提出设计任务书和规划控制指标	协调城市整体与地块局部利益，由政府或公共机构委托的协调建筑师和景观建筑师承担，设计方案既要落实和细化宏观规划给定的刚性管控指标，又要充分挖掘私人地块的开发效益
微观层面	项目方案设计	开发项目的建筑设计方案	协调地块公众利益与私人利益，由业主委托项目建筑师承担，充分保障了私人土地发展性收益，但方案需要上交规划部门与协调建筑师审核，以确保地块的公共利益不受侵害

3.4.2 乡村地区的规划实施管控

1. 日本：农村土地重划中的减步法原则

土地重划是一种“将区域内不规则地块边界和细碎的未能经济适用化的土地重新整理、交换分合，并配合公共设施、公共空间建设，使土地利用的经济、社会和生态效益得到整体提升”[③]的土地整理方法，土地重划的关键点在于权属调整、公益贡献与奖励返还。土地重划的概念起源于德国乡村地区的土地整理实践，日本在继承发展其制度的基础上形成了以减步法换地原则为核心、以土地整理中损益协调精细化为特色的土地重划模式，受到同样人多地少的东亚各国家和地区借鉴模仿。

日本的土地重划主要针对大城市郊区地带因城市化扩张而造成的无序开发、分散蔓延的乡村土地资源。土地重划中减步法的原理是：在规划进行存量土地整理再开发时，应以保证土地权益人在规划变更前后的土地价值不变为基准。为此在减步法的具体操作

① 周显坤．城市更新区规划制度之研究 [D]. 北京：清华大学，2017.

② 刘健．注重整体协调的城市更新改造：法国协议开发区制度在巴黎的实践 [J]. 国际城市规划，2013，28（6）：57-66.

③ 谢智荣．台湾市地重划实例与优缺点 [J]. 中国土地科学，1996（6）：22-23.

中，原土地权益人需把土地分为再开发地、公共贡献地与预留资金地三部分，其中再开发地供原土地权益人或交易后的新土地权益人按规划调整后的新控制条款开发利用，公共贡献地需预留作为道路交通等基础设施、医院学校等公共服务设施、公园绿地等公共开敞空间以及安全防灾空间，预留资金地需在开发建设完成后用以出售以支付公共开发建设的费用[①]。

减步法可以保有土地整体规划开发，保证农民生产生活环境的稳定性与延续性，避免大规模土地征收造成失地农民大量涌入城市带来的“拉美陷阱”。同时，减步法还能有效避免农村土地征收开发过程中最易出现的因收益分配机制不明导致的暴利暴损现象，其作为一种成功的农村土地规划开发中的土地权益调整工具具有借鉴意义。

2. 德国：生态用地整理的占补平衡制度

乡村地区非建设用地土地整理中的土地权益调控则涉及农用地和生态用地的功能价值平衡，其不仅涉及不同产权人之间的关系，还涉及人与自然环境之间的关系。德国土地整理项目中的生态景观控制与生态占补平衡制度对于我国探索开展乡村地区非建设用地土地权益调控机制具有借鉴意义。

生态占补平衡制度要求土地整理实施前后，整理区的整体生态效应不减少，其适用于所有土地类型，重点关注土地的生态功能平衡而非规模数量平衡。德国的土地产权制度中对政府、土地所有者和土地使用者在生态补偿方面保护与补偿的责任进行了清晰的界定[②]。对于涉及土地整理项目区内的生态用地，需依次按规避、平衡、补偿三种优先顺序进行处理。其中，规避是指土地整理中应通过空间方案的调整优化尽可能规避或以最小生态损失成本实施项目。由于生态补偿测算具有明确的依据和细致的标准，例如，从生态功能价值角度评价，占用森林需补偿的生态用地远大于占用草地，进行地面硬化需要补偿的生态用地远大于透水铺装，因此从成本核算角度考虑，项目在设计中也会尽可能地对生态功能损失大的方案进行规避。平衡是指对于实在无法避免造成的生态损耗，需要优先在项目区内通过整备生态用地，布局生态池、生态廊道、生态栖息地等

---

① 华生．破解土地财政，变征地为分地：东亚地区城市化用地制度的启示 [J]. 国家行政学院学报，2015（3）：13-17.

② 谭荣，范振．将生态补偿纳入耕地占补平衡：从德国生态补偿政策看耕地保护新路径 [J]. 资源导刊，2021，（9）：52-53.

生态景观工程，实现与之前相同的生态功能价值，一般通过融入生态景观价值高的景观有效填补由于土地整备带来的景观价值差。补偿是指对于经核算无法在项目区内取得生态效应平衡的项目，需要从官方授权的补偿机构通过购买生态积分的形式，对项目区内各类建设活动损毁的生态系统功能和自然景观价值进行补偿，以实现项目总体生态账户平衡[①]。

3.5 国际山水城乡空间规划的经验借鉴

3.5.1 依山就水构建空间格局

城市及其所依托的山水空间是不可分割的整体，西方城市规划深受生态城市理念影响，倡导“自然中的城市”规划理念，注重根据地形地貌、自然生态与水系特征进行城市规划布局，注重生态源地、生态屏障、生态斑块的有机联通，确保水源涵养、产品供给、气候调节、物种保育、空气净化等生态功能。同时，在规划中设计了一系列政策工具，对自然生态空间、农业空间、历史文化空间实行严格保护与有序管理，确保城市建设区域与自然山水景观可以完美融合，从而形成人地和谐的空间格局。

3.5.2 织密“山水城人”联系网络

国际山水城乡空间的规划过程中，强调通过功能节点的组织、绿道和公共交通环线的设计、河流水系的布局等，强化“山、水、城、人”之间的联系网络。织补因功能主义规划而彼此割裂的城市空间，促进各区块之间人流、物流和信息流的有序流动，协调各子系统健康运行，形成有机紧凑、高效运作的城市空间。“山水城人”联系网络可分为生态、生活、生产三种类型，其中，生态联系网络侧重以生态系统主导功能的综合提升为目标，对各地区各要素部门项目资金进行合理组织与统筹优化，加强区域灾害、

---

① 邹朝晖，周玉，蔡少彬．基于“生态券”的生态用地占补平衡机制研究 [J]. 中国土地，2020（12）：13-15.

环境联防联治；生活联系网络侧重打造广域—城市—社区多级多能的基本公共服务共享圈，推进广义社区生活圈构建，创新优质公共服务跨区域共享模式，应对流动型社会下的公共服务配给不确定性问题；生产联系网络侧重推进区域重大基础设施互联互通与统筹管理，引导各单元产业协作、要素流动、功能互补、错位发展。

3.5.3 激活公共开敞空间界面

从公园运动到生态城市建设，国际山水城乡规划历来注重塑造高品质的公共开放空间，打造城市活力节点，激活地区潜在经济价值，促进城市全时段的消费活动。高质量的公共开敞空间往往与绿地、水系等自然景观紧密结合，通过挖掘本地优势的历史文化资源，充分结合功能需求和景观设计，提高可达性、强化功能混合、营造小尺度空间、开放建筑立面等，为居民打造差异化、有活力、可亲近的活动空间，并将此作为社交商务、文化艺术、休闲健身活动的重要承载平台，从而塑造充满向心力和凝聚力的城市公共空间。

3.5.4 精心打造地方形象标识

地方形象标识是指那些具有地域文化特色、高辨识度和代表性的城市建筑物、构筑物或景观节点，其不仅是具有城市文化和特色的标志，也是山水城乡空间中的视觉焦点，确立了城市空间景观格局的基本秩序。在高速城市化与现代化进程中，“千城一面”与地方性丧失成为破坏城市历史文脉、削弱城市竞争力与影响力的巨大威胁，因此在当代国际城市规划建设过程中，城市形象标志物的塑造受到越来越多的关注。各地为了设计城市的形象标志，深入挖掘本地景观、文化艺术、域所精神等，打造艺术和文化元素，细致考察景观空间序列与城市感知路径，确保地标具有在地性、辨识度、认同感。

专栏　美国旧金山的山水城市设计

美国旧金山的城市设计始于 1971 年，由美国城市设计领军人物埃德蒙·培根主导完成。在获得旧金山市议会的正式批准后，该设计得以实施。直到现在，旧金山仍然遵循最初设定的城市设计标准进行建设，并取得了良好的成效，赢得了城市设计领域专家的广泛赞誉。

首先，从宏观尺度看，旧金山的城市设计为市域空间发展提供了明确的框架指引。其在空间结构、街区规模、建筑高度、建筑规模、历史文化、城市感知、景观廊道等多个方面均设定了明确要求，以确保建构完整、协调的城市形象。

建筑高度管控方面：旧金山的城市设计制定了严格的规定，将高层建筑集中在主要的交通干线和港口区域围合的东北部城市中心地段，而外侧则采取圈层式逐级降低高度的方式，以凸显核心 CBD 区域的空间体量。在规划的引导下，如今的旧金山天际线呈现出规则有序的良好景观①（图 3–2、图 3–3）。

绿色景观控制方面：绿地系统控制和城市开放空间布局主要依托于城内既有的行道树和景观资源进行，通过对政府和私人等不同的建设实体实施不同的绿化建设标准，形成了清晰有序的绿地系统结构和公共开敞空间结构（图 3–4、图 3–5）。

图 3–2　旧金山建筑高度设计标准图

① 黄鑫 . 基于资源评价的四川巴中南江县城特色塑造研究 [D]. 重庆：重庆大学，2024.

图3-3 旧金山双子峰俯瞰城市全景

图3-4 旧金山绿化景观设计标准图

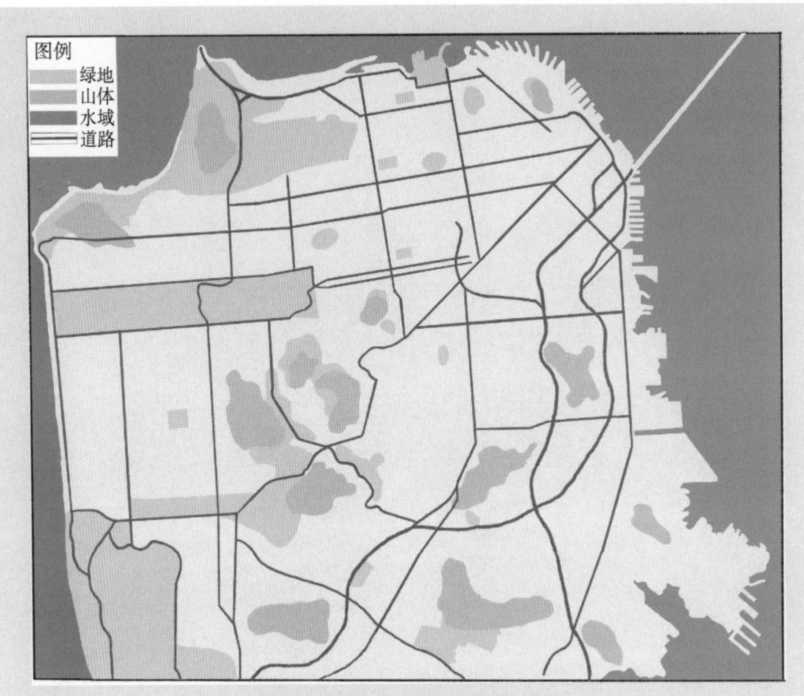

图3-5 旧金山开放空间示意图

其次，从中观尺度看，旧金山的城市设计制定了著名的山形碗状设计准则，其主要目的是使人从视觉上更易看到建筑物四周以及城市外围自然环境特征，以获得更好的视觉体验感。在地形较高的区域，建筑的高度应相应提高；而在地形较低的区域，建筑的高度也应适当降低，这样可以让人们更加清晰地感受到自然地形的起伏变化。旧金山最具特色的花街和电报山就是此设计准则下的产物（图 3-6、图 3-7）。

最后，从微观尺度看，旧金山的城市设计从建筑细节控制和建筑规模控制两个方面详细明确了管控要求。在建筑细节控制方面，为保持建筑风格的连续性和统一的体量，其制定了一套微观的城市设计标准，指引市区街道形成统一协调的建筑风格和色彩。在建筑规模控制方面，通过在高层建筑中植入裙房和顶部退台设计，使街道实现了裙房风格的统一，呈现出独特而和谐的立体感，也带来了良好的仰视体验（图 3-8~ 图 3-13）。

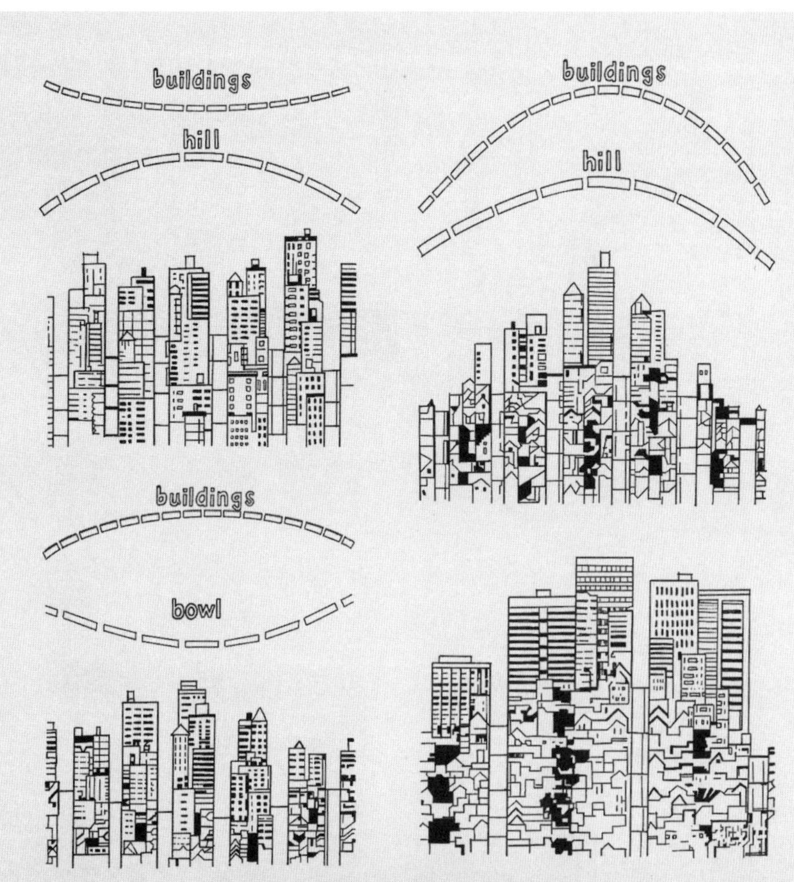

图3-6 旧金山建筑与地形设计标准图

图3-7 旧金山花街与电报山视线通廊的连接

图3-8 旧金山建筑体量过渡

图3-9 旧金山建筑细节风格

图3-10 旧金山传统建筑的风格统一

图 3-11 旧金山现代建筑的风格统一

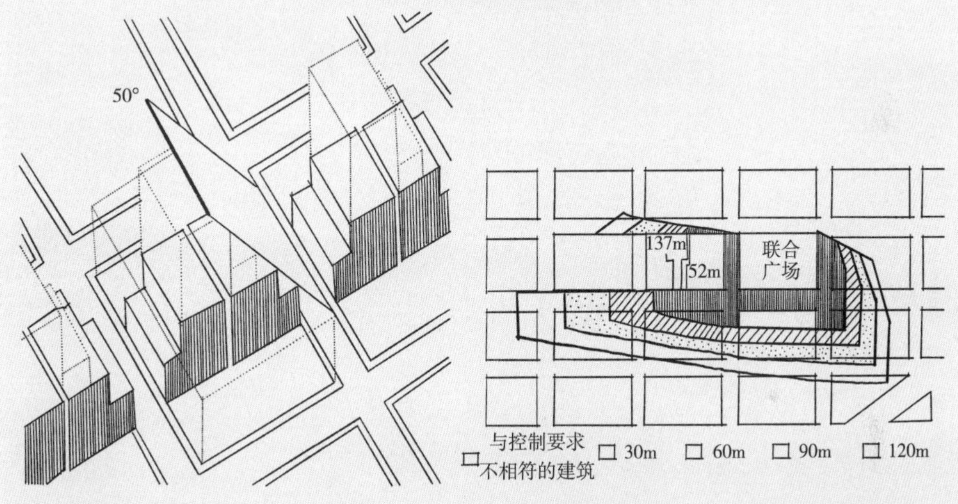

美国旧金山北市场街的建筑高度控制面
以 3-9 月份大部分时间的日照为标准

以广场 10：00-14：00 的日照为标准
美国旧金山对联合广场周围建筑体块的控制要求

图 3-12 旧金山高层建筑体量设计准则图

图 3-13 旧金山高层建筑

3.5.5 完善政策工具，确保落实

山水城乡空间规划设计涉及城镇空间、农业空间与生态空间的格局塑造，土地利用类型多样、产权主体复杂，在规划实施中常面临着存量空间腾挪难、历史遗留问题多、利益主体协调难等问题，成为空间规划与设计政策落地的重要挑战。世界各国普遍注重规划实施管控中的政策工具设计，通过事前约定、事中协调、事后调整等多种手段，助推规划落地。

4

长三角山水城乡空间规划的总体框架

4.1 总体目标

4.1.1 强化自然景观格局

山水城市与平原城市之间的主要区别在于其独有的山水自然环境，城市的成长与山水的布局有着密切联系。随着社会、经济、文化的高速发展，现代城市化进程不断加快，人们在物质需求得到满足后开始追求“复得返自然”的休闲享受和“看得见山，望得见水，记得住乡愁”的精神向往，山水城市建设逐渐成为新热点。遵循“天人合一”的中国传统规划理念，强化自然景观格局，高标准保护与合理利用本地自然生态系统，推动城市与自然之间的和谐共生与协同发展，是长三角山水城乡空间规划的首要目标。

4.1.2 确立山水空间意象

中国的山水城市，延续了传统文化中对山水之美的追求，往往具有特定的文化内涵与美学意义。城市规划设计不仅需要为居民提供宜居、宜业的物质空间，更重要的是为居民创造可感知的场所意向，即在特定的时空环境下，塑造居民对于其所在地域或社会文化特征的认知与情感体验。对于山水城市规划而言，其需要对区域重要的山水关系和内在文化意涵进行概括提炼，以空间组织和要素设计的手段，对山、水、城各要素进行关联性描写，从而建构独特的城市山水空间审美意象，为居民创造一个可以感知的山水空间意象。

4.1.3 传承地域文化基因

地域文化基因是城市的灵魂所在。山水城市的价值不仅体现于自然生态服务价值与山水景观审美价值，更体现为蕴含在名山大川间的地域文化价值。长三角地区钟灵毓秀、人文厚重，西湖、太湖、运河、黄山等山水空间在我国的历史、文学史、艺术史中均扮演了重要的角色。因此，传承地域文化基因是长三角山水城乡空间规划中的重要目标，应将自然景观格局与文化景观格局的规划设计有机统筹，使文化景观空间序列能够体现区域文化的整体性与系统性，时间序列能够体现区域千年历史发展逻辑，全面提升城市文化的内向凝聚力与外向影响力。

4.1.4 塑造城市特色形态

富有吸引力的城市整体特色形态，是城市高质量发展的重要标志之一，也是山水城乡空间规划所追求的目标。城市特色形态不仅指城市在物理空间上的几何形态，更指城市经济、文化、社会等多方面的总体面貌，是人类活动与自然环境相互影响、综合作用的结果。例如，上海以外滩全球金融中心为特色，苏州以古典园林精致生活为特色，杭州以湖光山色最忆江南为特色。在山水城市规划设计中，应强调通过功能布局、形态引导、场所营造、活动策划等多种手段，打造具有地域自然与人文特色的、充满活力与吸引力的城市形态。

4.2 主要原则

4.2.1 自然主导，生态协调

建设生态文明是中华民族永续发展的千年大计，国土是生态文明建设的空间载体，国土空间规划体系建设是新时代生态文明制度建设的核心内容之一。长三角山水城乡空间规划以习近平生态文明思想为指导，深刻理解和贯彻以高品质生态环境支撑高质量发展的重要任务，秉持“底线思维”和“系统思维”，在高水平保护上下更大功夫，尊重自然地理格局与城市自然基底，使人工建设环境与自然条件特征相适应，着力提升生态系统多样性、稳定性、持续性，守牢美丽中国建设安全底线，让人民群众在绿水青山中共享自然之美、生命之美、生活之美（图 4-1）。

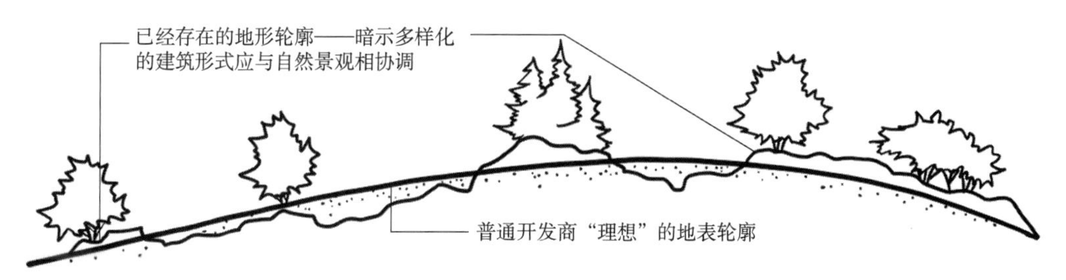

图 4-1 山水要素体系构成

4.2.2 以人为本，多元参与

以人民为中心是习近平新时代中国特色社会主义思想的重要内容。高质量发展的核心在于以人民为中心、以人民需求为导向的规划发展理念。长三角山水城乡规划设计应牢固树立“以人为核心”的价值观，从人的全面发展和满足人民日益增长的美好生活需要出发，尊重自然和城乡发展客观规律，建设人民满意的高品质生活圈。应以“人民城市人民建”为导向，加强居民、专家、政府、民间非营利机构和市场组织多方参与的社区营造，完善自上而下贯穿、落实于城乡社区的空间治理体系，形成共建、共享、共治的城市规划格局。

4.2.3 优化路网，强化联通

交通路网既是城市空间组织的“骨架”，又是城市要素流动的“血管”，在山水城乡空间格局塑造、功能联系方面具有重要作用。应在“集约、紧凑、绿色、高效”的原则下，针对不同的自然环境特征与城市用地布局，制订适宜的交通发展战略与合理的路网布局，强化公共交通对城市空间优化与功能提升的引导作用，有机结合街道与蓝绿网络，构建联通城市与郊野的“慢生活”系统，布局一体化、网络化、复合化、绿色化、智能化的基础设施体系，加强区域人流、物流、信息流的高速有序流动，助推区域一体化发展。

4.2.4 尊重传统，赓续文脉

城市的历史遗迹、文化古迹、人文底蕴，是城市生命的一部分。保护好、传承好历史文化遗产是对历史负责、对人民负责。山水城乡空间规划设计应深入了解城市的历史渊源，挖掘其中蕴含的文化底蕴，梳理各类自然文化景观要素之间的时间、空间、精神、功能关系，构筑起具有系统性与整体性的城乡山水文化保护体系，塑造历史传承与时代创新相互交融的城市景观风貌，打造“记得住乡愁”的乡野田园风貌，增强和提升城市的情感象征，增加城市居民的安全感和归属感。

4.2.5 场所营造，强化特征

场所是构成山水城乡空间设计的微观细胞，也是直接承载城市居民日常活动的容器，良好的场所可以加深人们与城市、身份、自然、历史的关联度，为居民提供独特、丰富的体验。山水城乡空间的规划设计，正逐渐从建筑的设计管控转向场所的营造培育，锚定自然开敞空间、城市公共空间、地标性场所、水网绿廊、景观视廊等，开展精细化的场所营造，使其在空间上能全方位体现地方性特质，在文化上能承载社区文化认同，在时间上能链接山水城市共轭发展的过去与未来。如苏州的河流网络、威尼斯的开放广场、巴黎的埃菲尔铁塔、华盛顿的城市中心轴线、多伦多的天空轮廓等。

4.2.6 弹性管控，统筹协调

规划设计是一种用于分配城乡空间资源的政策工具，其必须反映出不同城市利益相关方的需求和反馈，确保维护公众利益的刚性和适应市场开发的弹性并存，传达落实空间战略的权威性与规范土地与建设市场运行的可操作性并存。尤其是山水城乡空间规划设计涉及城镇空间、农业空间与生态空间的格局塑造，土地利用类型多样、产权主体复杂，应更多采取弹性管控的规划策略，设计行之有效的政策工具，为规划实施过程中的产权冲突、强度调整、用途调整等预留足够空间，以确保能够及时应对城市问题的各种变化，并与时代发展保持同步。

4.3 系统架构

4.3.1 承古启新的山水格局管控

通过对山水的细致梳理和理解，把握山水环境的基本脉络，结合山水基底与城市当前发展框架，保护山体边界，融合水系网络，实现城市山水秩序与人文空间建设的有机统一，在城市山水网络的关键节点处，可规划布局具有重要文化意义和审美价值的建筑物、构筑物或景观，将其作为控制城市形态的坐标和骨架，从而建立起城市空间与自然山水有机融合的独特格局①。

① 王树声．重拾中国城市规划的风景营造传统 [J]. 中国园林，2018，34（1）：7.

对于关键的山体，应根据其不同的形态特色，开展平面和竖向规划设计，从保持生态系统功能完整的角度出发，因地制宜地对山体周边建筑高度、建筑界面、地标建筑和绿廊布局、风道布局、视廊渗透等进行管控，实现城中山“显山耀城”、城边山“见山伴城”、城外山“望山衬城”的综合效果。

对于关键的水域，应根据河段的功能定位，开展平面和竖向规划设计，对驳岸设计种类、滨水空间断面以及沿岸建筑规模提出三层控制标准，分别为临水第一界面、近水段和远水段三个层次。其中，临水第一界面的控制最为严格，涵盖了对建筑仰角、首排建筑高度及建筑限高的管控。

4.3.2 有机交融的山水廊网布局

将“三区三线”作为调整经济结构、规划产业发展、推进城镇化不可逾越的红线，以山水城市的整体空间意象为统领，以重要功能节点、绿廊水网、交通路网、景观视廊为媒介，串联“山、水、城”功能区块，加强要素交流互动。

1. 以“三区三线”为依据谋划底线格局

细致梳理土地利用状况，开展资源环境承载力评价与国土空间开发适宜性评价，结合国土空间规划“三区三线”的管控格局，优先确定连续、完整、系统的生态保护格局，保障集约、优质、稳定的农林牧渔发展空间，落实城市绿线、蓝线、黄线、紫线及重要海洋控制线、洪涝风险控制线、公益林、基本草原、重要湿地控制线等严格管控。

2. 串联“山、水、城”整体区块

分析提炼城市山水人文系统的协同演进与内在结构，确立城市山水空间总体审美意象，以此为指引，体系化设计城市绿廊系统、水网系统、风廊系统、文化系统，通过“以点连线、以线成网”的手法，链接织补城市不同的功能区块，形成“山、水、城”有机融合的整体。

3. 交通引导要素流动，增强区块关联

结合山形水势、绿廊水网设计城市道路网络，形成以公共交通为主体、多种交通方式互为补充的城市综合交通体系，连续安全的步行和自行车网络体系，引导人流、信息、资金、商品等各类要素流动，建设多系统协同的紧凑型城市，促进跨区域分工协作、一体发展。

4.3.3 步移景异的眺望系统设计

中国古典园林以“可行、可望、可居、可游”为主要原则，“园中人”的空间感知与体验是通过动态游走中的“望”来完成的，这与中国画的“散点透视”异曲同工。山水城乡空间的规划设计传承中国古典园林意蕴，也以步移景异的眺望系统设计为重点内容，让“城中人”处于空间的关键区域，可俯仰之间欣赏山川美景，感受山水精神内涵。眺望系统的建构将为城市重点项目或标志物的选址提供精确指引，也为区域建筑群的高度、朝向等提供框架性控制条件。

1. 选取合适的门户通道

衔接城市对外交通系统，结合城市内部空间结构、景观焦点与路网布局，圈定门户通道位置。通过对入城口的景观、界面、外观、高度和视线等进行控制和引导，打造具有高识别度的门户空间，为居民提供优质的入城识城体验。具体而言，门户通道的打造包括新建、迁移、提升几种类型。

2. 选取合适的观景点

同样的景观在不同观景点视角下将呈现截然不同的效果，在山水城乡空间规划中，其直接影响了城市整体的视觉框架。按照观景物的不同，可将观景点分为三种类型，俯瞰全城格局型、欣赏特定景观型、打卡标志物型。对俯瞰全城格局型，应确保其四望视野良好，可清晰呈现城市总体形态；对于欣赏特定景观型，应强调城市的自然山水与人文景观特色，并注重其保护与展示；对于打卡标志物型，应为其提供具有高度识别性的建筑物或构筑物。

3. 构建景观视廊系统

景观视廊系统可分类、分级建构，其中分类指区分“观察城市、欣赏山水、研究历史”几种不同目的，分别设计视廊系统，观察城市的视廊系统应侧重于捕捉清晰的城市整体形象，欣赏山水的视廊系统应侧重于加强山水景观的独特性塑造，研究历史的视廊系统应侧重于加强对传统景观意象的维护。分级指区分视廊的特色性与重要性程度，构建分级网络，其中识别度较高、有助于构建景观节点和门户形象的视廊定为重要级别的远望景观视廊，为重点地区城市设计提供分级指导。

景观视廊系统的规划控制应充分考虑不同情境下的人视角进行设定，可区分俯视、平视、仰视和动态四种视角，明确每种视角下景观视廊的规划目标、管理范围和关键控制要素（涵盖前景协议区的建筑高度、侧景协议区的建筑高度、山脊线的可见度、核心对景视线通廊的控制、建筑高层簇群与地标之间的关系、天际线的起伏度以及重要建筑界面等）（图 4-2、图 4-3）。

图4-2 北京眺望系统分类

4.3.4 亲近自然的开放空间塑造

通过山水廊网和眺望系统将城市的重要节点连接，并逐渐向城市内部扩展，可构建覆盖全区域的活力空间网络，同时结合场地特质，对重要开放节点进行特色化塑造，构建具有地方性的开放空间。开放空间的塑造应满足活动的多样化与尺度的人性化两方面安排：一方面，空间功能应混合多元，将商服、休闲、交通、文体等功能高度融合，并紧邻居住和办公建筑；另一方面，空间尺度应亲切宜人，通过打造具有围合感、肌理尺度适中、建筑高度变化有序、建筑空间疏密有致的空间，营造良好的体验感。

1. 建设以人为本的优质街道

通过优化道路断面、沿街建筑立面管控、街道设施人性化改造、无障碍体系布局、提升绿化和文化景观设计、落实交通管控与停车引导等，提升街道环境品质，让街道拥有舒适安全的环境、赏心悦目的景观和生动美好的“烟火气”①。

① 于荣霞，张红玉，王桂琴 . 城市街区更新研究进展 [J]. 城市建筑，2021，18（29）：48-50.

看城市类景观视廊分布示意

看山水类景观视廊分布示意

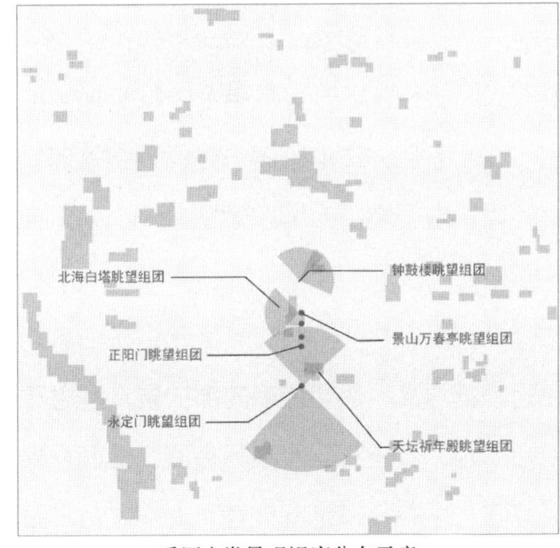

看历史类景观视廊分布示意

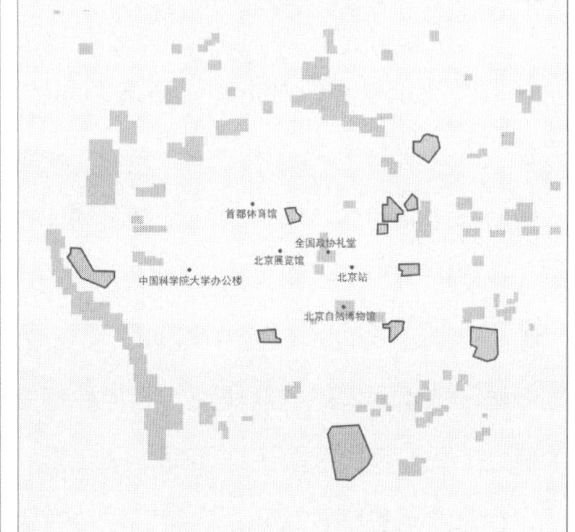

看风景类景观视廊分布示意

图4-3 北京四类视廊分布示意图

2. 打造亲近自然的绿地系统

最大化地利用城市中的留白增绿空间，因地制宜多样化地种植乡土适生的木本植物、草本植物，形成高低错落、疏密有致、融于自然的城市绿地生态系统，改善城市微环境，丰富城市景观界面。同时，加强城市绿地生态系统周边用地的功能优化与品质提升，结合休憩文娱、休闲健身等多种功能，打造具有吸引力的街头公园和休闲广场，为市民提供更多享受自然、呼吸清新空气的机会，更好地发挥城市绿地系统在城市修补与生态修复方面的综合效益。

3. 打造连续活力的亲水岸线

强化滨水建筑与滨水空间的一体化设计，结合滨水建筑的首层空间优化滨水空间的功能布局，统筹滨水景观设计与亲水游线设计。充分考虑岸线功能及特征，对滨水建筑高度、建筑体量和空间排布进行整体管控，创造连续、活泼、灵动、疏朗的滨水天际线，并为市民提供功能丰富、体验良好的界面功能。

4. 构建趣味生动的特色空间

通过功能植入、景观美化、公共艺术设计等手段，因地制宜、创新设计，将高架桥下、铁路公路沿线、防护绿地等割裂城市的灰空间转变为富有趣味的活力空间，补充公众休闲娱乐和社会交往空间，强化区域联系，带动整体环境的品质提升。

4.3.5 天人合一的风貌体系指引

城乡风貌是人们对于建设环境形而上理解和形而下感知的有机结合。城乡风貌的打造，需要统筹考虑“风”与“貌”，前者是对地域特色、文化风俗、时代背景等非物质特质的精练概括，后者是对城乡空间在物理环境和空间特征方面的理解感知与抽象描述，应以“风”塑“貌”，以“貌”彰“风”。

山水城乡空间“风貌”的载体可分为点、线、面三类，其中：点状元素是由特定地域基因聚集而成的景观焦点，不但具有文化的象征意义，而且具有形态上的典型性和代表性。其在不同尺度上以不同形式出现，包括广场、历史街区等关键空间，或门户地标、标志建筑等。线状元素是特定地域基因沿绿廊、水网、道路等线性传导和扩散形成的城市廊道网络，其具有连续性和多样性，为城乡空间整体风貌提供了结构性的支持框架。边界和路径是两种常见的线性元素[①]，其中边界包括自然边界和建筑边界，是划分特色空间的重要地物；路径则包含道路系统、水系网路、绿色廊道等，其承载着城市生态联通、休闲运动、文化传承等重要功能。面状元素是特定地域基因在同质区域内分别扩散而形成整体空间，具有区域内均质性与外部差异性特征（图 4-4）。

风貌体系规划应以城乡整体风貌格局为基础，按照点、线、面三个核心要素进行

① 吴一洲，章薇，胡适人，等．多尺度传导视角下的城乡风貌管控模式研究：以《杭州市城乡风貌魅力分区建设技术导则》实践为例 [J]. 规划师，2022，38（12）：119-124.

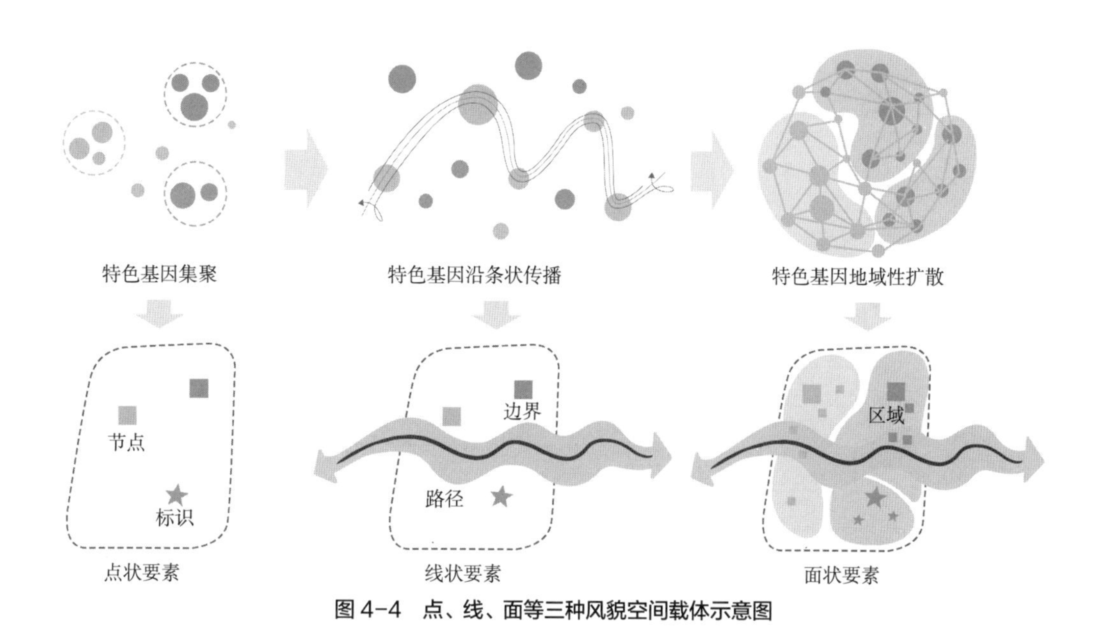

图 4-4　点、线、面等三种风貌空间载体示意图

组织，形成“风貌区、风貌带、风貌核”的整体规划结构，并根据地域自然资源、文化价值的差异性，形成分级、分类的管控策略（图 4-5、表 4-1、图 4-6）。

风貌带的分级分类管控　　　　表4-1

分级分类	城乡发展带	生态廊道	历史文脉带
一级风貌带	要素控制：控制风貌带沿线范围内的建筑形式、天际线、视线通廊、界面形式等内容，凸显空间序列特征	要素控制：针对风貌带内部开放空间、自然生态等要素提出导控要求，控制生态界面，强化沿山滨水特色	要素控制：挖掘文化特色，通过控制沿线范围内的街区界面、风格、肌理等来增强文化感知
二级风貌带	要素引导：谋求整体的节奏与变化，提出沿线风貌要素建设目标，形成完整的城乡空间氛围与秩序	要素引导：结合生态保护要求，提出水系、山体、开放空间等要素的引导控制目标，加强生态廊道的建设与保护	要素引导：注重城乡文化传承，融合民俗风情，提出建筑、景观小品等要素风貌建设目标，延续历史文脉
三级风貌带	整体协调：加强片区联系，提升环境品质与凸显风貌特质	整体协调：注重生态建设与提升，避免对自然基地造成破坏	整体协调：以特色文化为依托，结合地域文化，展现区域文化内涵

风貌体系规划在细化要素管控时，应遵循三大原则：一是识别要素类型，将主要精力集中于城乡建设环境要素的空间形态管控；二是明确管理边界，厘清各要素的管控逻辑与横向关联，避免“重管漏管”；三是把握管理尺度，对于同类要素，要考虑其在不同规划定位、建设条件和功能用途方面的差异化特征，确定不同的管控精度。

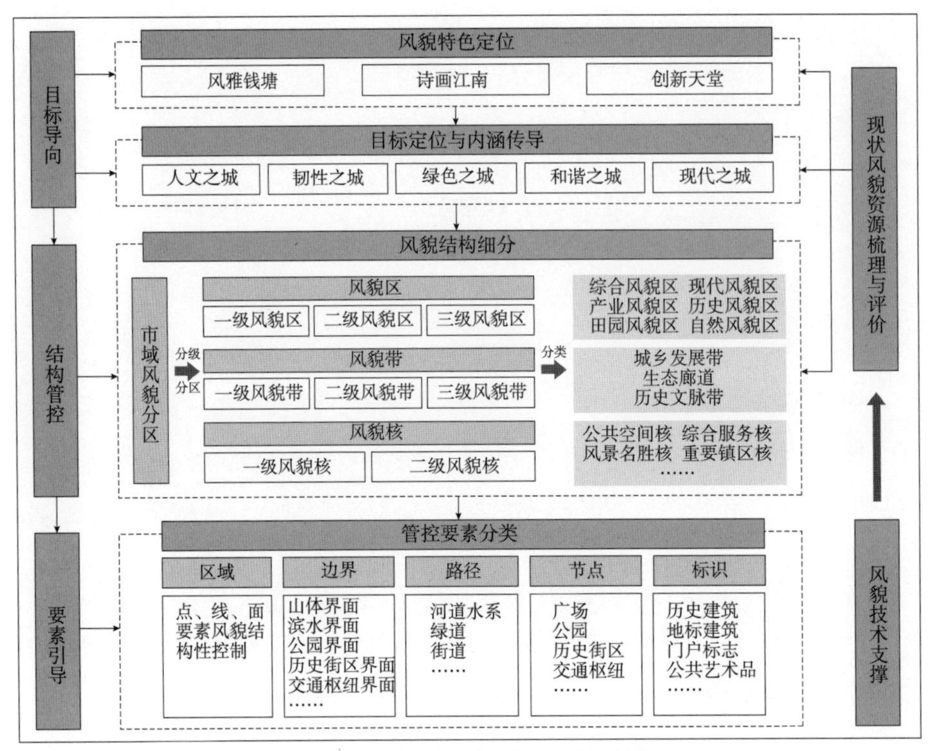

图4-5 杭州市城乡景观管控技术路线图

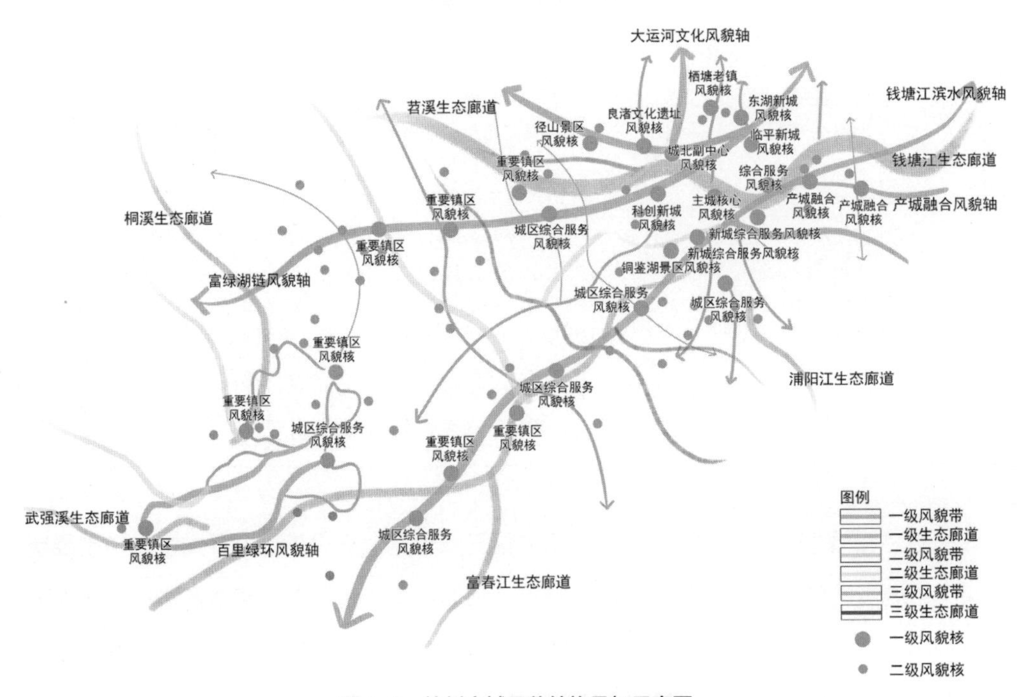

图4-6 杭州市域风貌结构叠加示意图

5

长三角山水城乡空间的现状分析和评估方法

基于市民意象感知的山水城乡空间要素提取

基于城市形态学的山水城乡空间耦合关系分析

基于地理信息分析的山水城乡空间构成模拟

基于地域组构分析的山水城乡空间传承基因提取

5.1 基于市民意象感知的山水城乡空间要素提取

人类对于城市的理解是一个逐渐从简单到复杂、从分解到综合的持续进化过程。现代城市规划建设中高度关注城市环境对人类的情感和行为的复杂影响，强调城市空间规划设计应该更加注重人的需求和体验。

1. 阿尔多·罗西的“城市原型”理论

阿尔多·罗西的“城市原型”理论是基于著名心理学家卡尔·荣格的原型论构建的。该理论从原型角度深入研究城市的根本性质，认为城市是由时间形塑的，并深入根植于人们的居住习惯和建筑文化。该理论高度重视传统建筑空间组合形式与要素的提取，并将其视作现代城市肌理塑造与空间发展的灵感源泉。

2. 亚历山大的“城市非树形”理论

克里斯托弗·亚历山大提出，现代城市是由许多不同类型、相互关联的要素构成的整体。他通过对众多现代城市结构的深入研究，认为其空间结构可以被分为树形和半网格两种类型，人造城市中存在大量树形结构，其追求形式和功能上的有序和统一，但忽视了人的心理和行为特点。而与自然共生演化的传统城市则多呈现为一种复杂交织的“半网格”结构，其作为一个“容器”和“有机体”，为复杂多变的生活环境里的人们提供了一个交流碰撞的场所。

3. 拉波波特的环境感知理论

拉波波特的环境感知理论从人类的认知模式和路径出发，深入探讨了城市空间结构与其认知价值之间的关系。理论通过“视觉—运动”模式下人的感知体验来分析城市空间，将城市的非物质条件，如习俗和信仰等，视作决定城市形态的决定性因素，而将地形、自然环境、水文气象条件和建筑工艺等城市物质空间条件作为城市形态的“修正因子”。同时，该观点认为：城市文化是城市空间环境意义的根本来源，城市空间环境的意义不能简单地通过视觉感知来实现，而需要借助一定的关键要素——线索才能被人意识到[①]。

① 朱东．城市形态设计准则在小城镇山水特色营造中的应用 [D]. 天津：天津大学，2017.

4. 凯文 · 林奇的城市意象理论

凯文 · 林奇在《城市意象》一书中探讨了城市空间与人们的行为在心理学维度的相互联系。他提出城市“公共意象”的概念，提炼城市居民首选的构成城市辨识度与感知经验的五大意象要素，分别是道路、边界、区域、节点和标志物，并从城市空间形态控制的视角，对这些要素的设计提出了具体要求。其中，道路指铁路、人行道、小巷、快速路等交通廊道；边界指城市两个界面空间的交界处，其没有通行的功能，但孕育了城市的多样性；区域指城市中具有特定功能或特色的区块，如居住区、工业区、商业区、文教区等；节点指承载居民视线焦点的地区，如入口、方向转换区段等；标志物是城市中最具辨识度和代表性的建筑或景观[①]（图 5-1、图 5-2）。

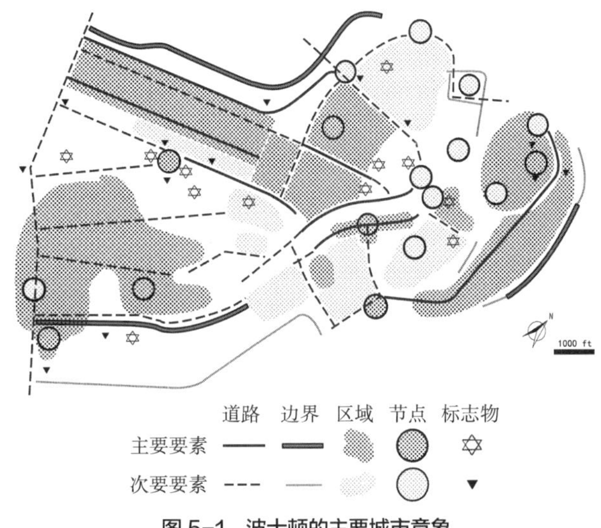

图 5-1　波士顿的主要城市意象

基于城市规划中的市民意象感知相关理论，结合中国传统山水美学和西方环境美学观点，参考现有规划设计准则中对城市控制要素的分类，可总结出山水城乡空间规划的特色意象要素，主要分为三个类别。

图 5-2　城市的五大意象要素

① 凯文 · 林奇 . 城市意象 [M]. 方益萍，何晓军，译 . 北京：华夏出版社，2001：35.

5.1.1 自然环境要素

1. 山脉地形

山体是城市重要的自然支柱，是确保城市生态系统稳定的坚实保障，也深刻形塑着山地城市的社会、经济和文化发展。在山地城市中，高山、远山往往作为城市建设的地理依托与天然背景出现，如北京的燕山、成都的青城山等，其在城市景观审美中扮演着“对景”“四望”等角色。而低山丘陵、近山则多成为城中市民休憩游览的绿色公共空间，如杭州的西湖群山、青岛的中山公园等，均是城市重要的生态文化空间。

2. 水域

受地形地貌的影响，山地城市的水体往往活泼灵动、形态万千，为市民提供丰富的审美体验。城市中的湖泊多成为“藏风聚气”的重要公共空间，而城郊的湖泊多为城市建设和饮水、灌溉、蓄泄、防御的天然屏障或依托，在空间上形成“以湖养城、以湖卫城”的审美形态。穿城而过的河流（溪流）多作为“母亲河”成为市民共同的记忆和情感寄托，如上海的黄浦江、杭州的钱塘江、广州的珠江、福州的闽江等，而滨水岸线也是地标性建筑布局的首选地点之一，与水共融形成城市名片，如上海的外滩、广州的珠江新城等。

5.1.2 建成环境要素

1. 宏观层次的建成环境

从宏观角度看，山水城乡空间的意象要素主要指对城市全局产生影响的规划建设基础框架，包括但不限于城市道路网络、公共设施布局、城市色彩体系、土地利用布局以及公共开敞空间体系等方面。其中，公共开敞空间是承载市民日常生活的最重要、最直接场所，是影响山水城市意象和感知的最重要因素，被视作山水城乡空间规划设计的核心内容之一。相较于平原城市，山水城市的公共空间表现出更自由、更灵活的特点，更强调空间的立体特征，具有独特的审美意涵。

2. 微观层次的建成环境

从微观角度看，山水城乡空间的意象要素主要指在建筑环境中展现山水特色的空间元素，包括但不限于建筑布局形式、街道界面、城市景观走廊以及市民居住空间等。微观层面意象要素从人视角出发，从建筑尺度塑造、界面节点布局等实现山水环境与建成空间的相互渗透。同时，城市中的各种公用设施，如步行道路、街道家具、高架道路和隧道涵洞等，都能生动呈现山水城市的气质与性格[①]。

5.1.3 人文环境要素

城市的地方文化、社会习俗、宗教活动、社会经济状况等人文环境要素是山水城市生命力的重要保证。同时，山水城市的社会治理体系、经济产业结构等也是构成城市意象的重要因素，如互联网峰会的落户为乌镇带来了全球互联网小镇的新名片，而阿里巴巴之于杭州、华为之于深圳，均是地方产业重塑城市性格的典型案例（图 5-3）。

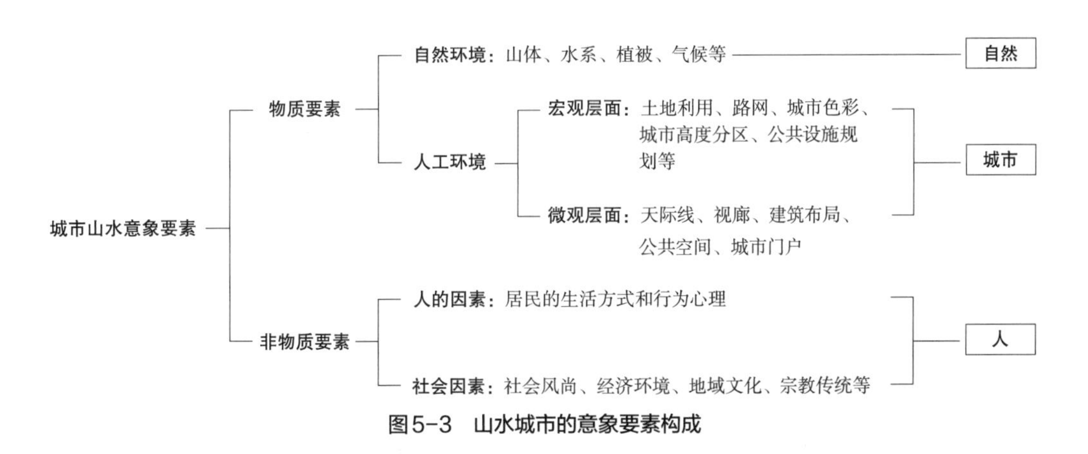

图5-3 山水城市的意象要素构成

5.2 基于城市形态学的山水城乡空间耦合关系分析

5.2.1 山城关系

山水城市中单一以山体为控制要素可分为“以山为尊”“以山环绕”“骑山建城”三种类型。山城关系的形态控制关键要素是山的视线走廊。

① 朱东 . 城市形态设计准则在小城镇山水特色营造中的应用 [D]. 天津：天津大学，2017.

“以山为尊”类城市中，山体本身具有较强的景观作用，是城市中重要的观景点，因此在通廊设置中强调的是以山体制高点为圆心的放射状通廊。“以山环绕”类城市中，山体是以若干制高点构成城市的背景轮廓线，因此要注意观察城市中重要景观点与山体系统制高点之间的视线关系，彼此之间是可以相互观赏的。“骑山建城”类城市则注重于营造道路等垂直于山体等高线方向的视线通廊。

三类城市在天际轮廓线和建筑形态管控中的原则有所区别，“以山为尊”类城市中，建筑高度随着与山体距离的缩短而逐渐降低，建筑轮廓线与山脊线形成视觉上的“反差”感。“以山环绕”类城市中，建筑轮廓以“顺应”为原则，整体高度沿着山形地势而高低起伏，限高不会突破山脊线，如香港的建筑高度管制。“骑山建城”类城市以“加强”山体走势为原则，山体越高建筑越高，但在坡度不适宜建造时采取留白手法，总体保留山体轮廓与植被。三类城市在具体地段规划设计中，还将结合地理环境、朝向、风向等要素综合考虑视廊设计、眺望点控制、天际线控制等。山城关系的天际轮廓线控制要求如表 5-1~ 表 5-3 所示，主要以山体高度为临山开发地区的绝对高度依据。

在微观层面，临山地区空间形态控制中更侧重于对建筑界面率的控制。建筑界面率是指开发区域内临山滨水一侧的建筑界面面宽与该侧用地面宽的比例，可分为建筑裙楼界面率、建筑塔楼界面率和建筑焦点界面率。在临山地区的建筑形态控制中，若以山体为背景，则建筑在排布上应以“透绿”为目标，以建筑塔楼界面率作为控制指标；若以

“山与城”形态控制要素示意 表5-1

“山与城”	以山为尊	以山环绕	骑山建城
视线通廊	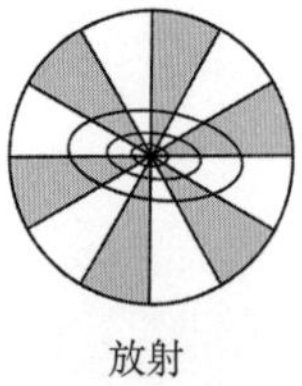 放射	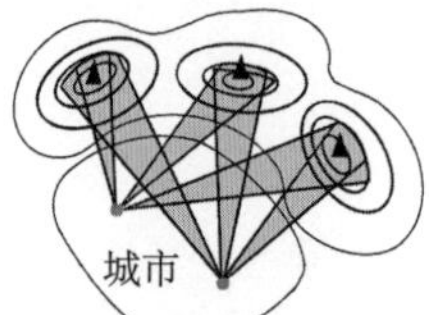 城市 眺望	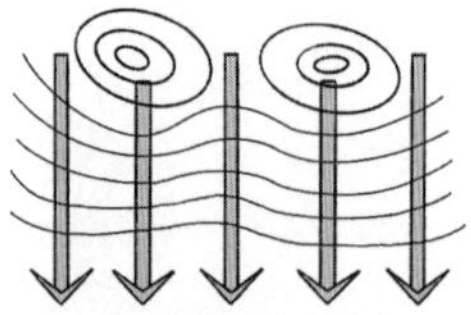 垂直
天际轮廓线	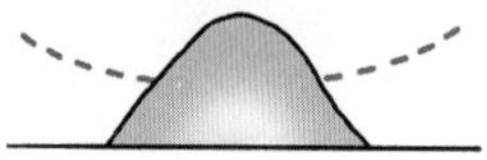 对比	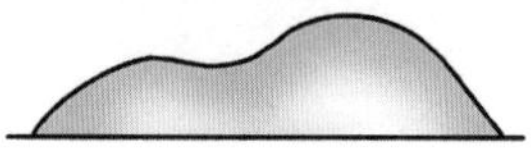 顺应	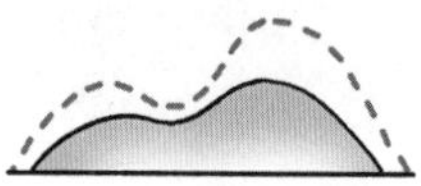 加强

以山环绕类城市的形态控制示意　　表5-2

以山环绕	T1自然分区	T2乡村分区	T3市郊分区
断面	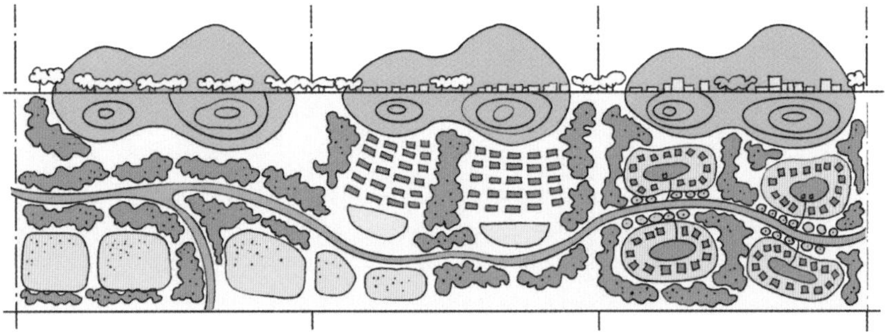		
天际轮廓线	以自然山体植被为主	以自然山体植被为主，前景为散落的村落建筑，高度以2–3层建筑为主	建筑宜呼应山脊线的错落起伏布置，建筑高度不宜突破山脊线以下2/3H的高度
轮廓线简图	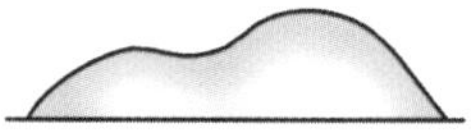	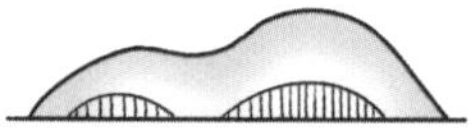	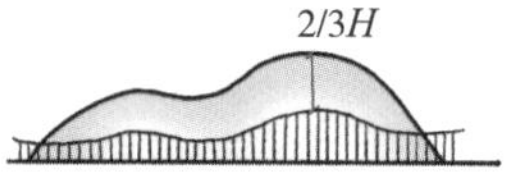 2/3H
以山环绕	**T4一般城市分区**	**T5城市中心分区**	**T6城市核心分区**
断面	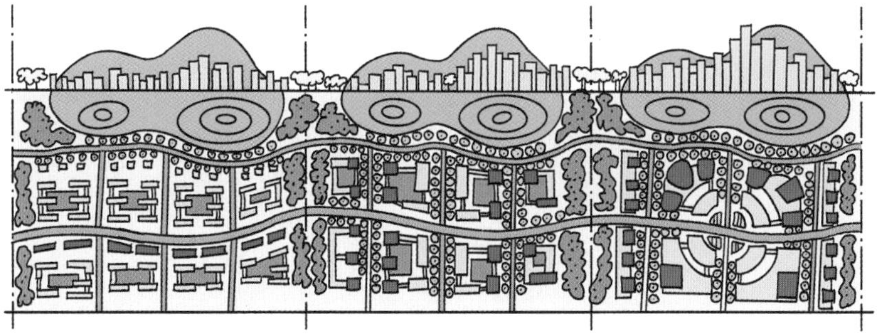		
天际轮廓线	以呼应山脊线走势为高度控制原则，建筑不宜突破山脊线以下1/2H的高度	以呼应山脊线走势为高度控制原则，临山建筑不宜突破山脊线以下1/3H的高度	临山建筑不宜突破山脊线以下1/3H的高度。山脊线在重要眺望点至少50%可视且连贯，允许部分地标建筑高度超过山体高度
轮廓线简图	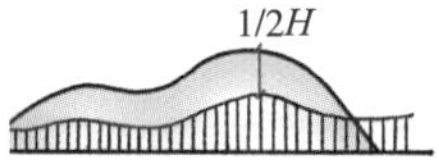 1/2H	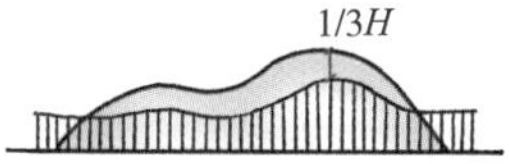 1/3H	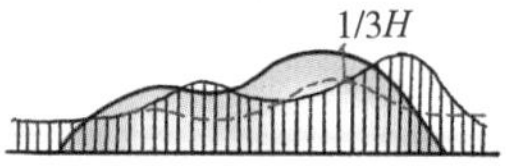 1/3H

骑山建城类城市的形态控制示意 表5-3

骑山建城	T1自然分区	T2乡村分区	T3市郊分区
断面	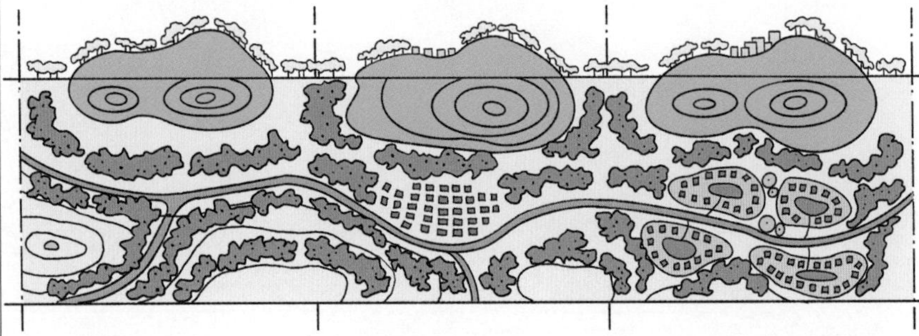		
天际轮廓线	以自然山体植被为主	村落建筑依山而建，高度以2–3层建筑为主。尽量以不影响山下主要道路的视线为原则	尽量以不影响山下主要道路的视线为原则，建筑宜根据坡度体量错落、起伏布置
轮廓线简图	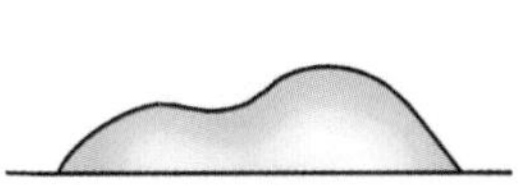	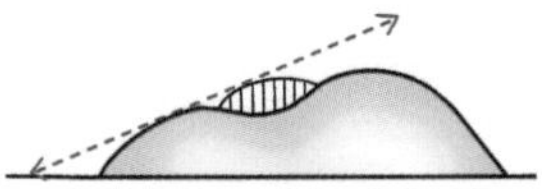	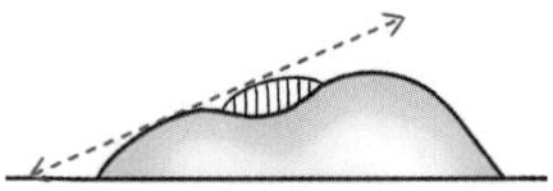

骑山建城	T4一般城市分区	T5城市中心分区	T6城市核心分区
断面	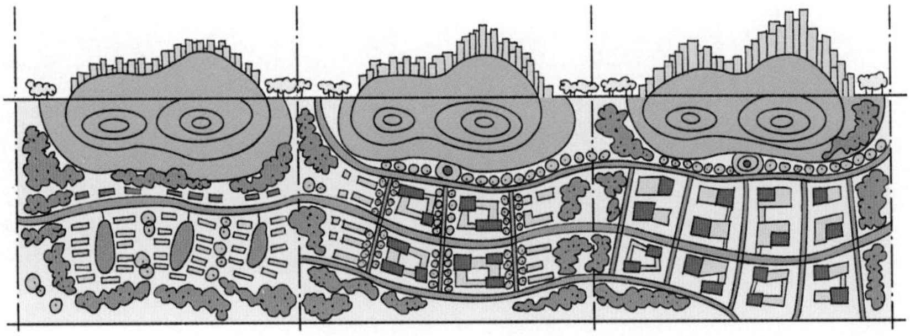		
天际轮廓线	呼应山脊线走势为高度控制原则，建筑高度分布均匀	以加强山脊线走势为高度控制原则，低层建筑布置于山脚，高层建筑布置于山顶，高差不宜过大	以加强山脊线走势为高度控制原则，低层建筑布置于山脚，高层建筑布置于山顶，山体高度越高，布置建筑高度越大
轮廓线简图		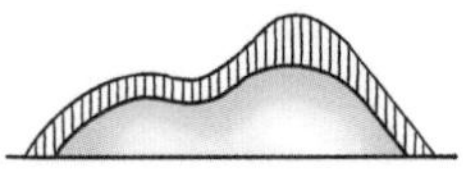	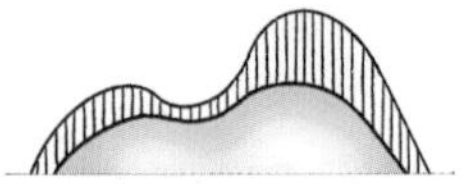

以山体为城市景观制高点，则建筑在排布上应以“呼应”制高点为目标，增加建筑塔楼焦点界面率为控制指标（图 5-4）。

由于朝向、通风、日照等因素，建筑物与山体有平行、斜列、垂直、点式等布置关系（表 5-4）。其中，平行、斜列的排布方式会形成较大的体量感，阻碍山体景观的

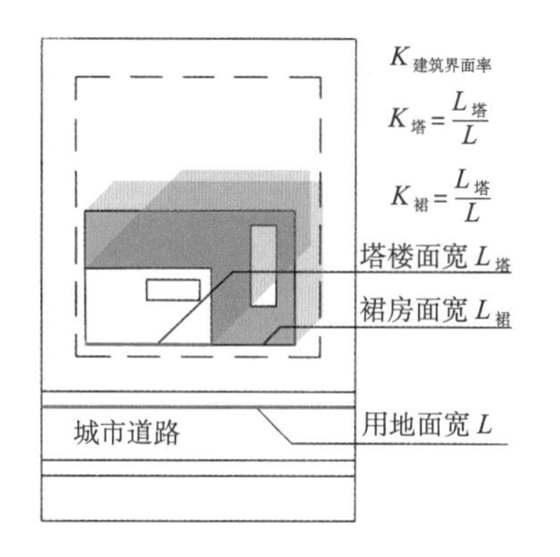

（a）界面连续度 K 值示意图

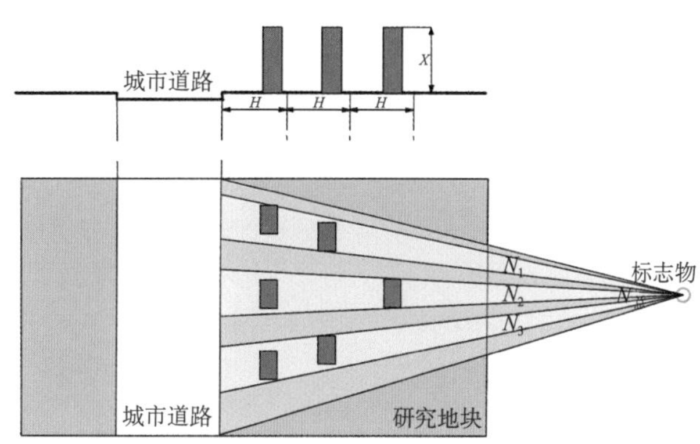

（b）建筑焦点界面率示意图

（c）建筑“透绿”示意图

（d）建筑“呼应”山体制高点示意图

图5-4 建筑界面率控制示意图

临山建筑布局示意 **表5-4**

类型	平行	斜列	垂直	点式
平面示意				
剖面示意				

渗透。因此，根据旧金山的控制经验，宜对建筑对角线进行控制，要求连续建筑的平面对角线长不宜超过 60m①。

5.2.2 水城关系

水与城市之间的关系可以被分类为“环湖式”“临江式”“沿河式”和“混合式”。在形态管控中，根据水体的尺度，可以进一步将水城关系划分为单边水岸和双边水岸的空间形态两种类型。由于滨水建筑高度（H）与水面宽度（D）之间的比例存在差异，滨水空间会带来各种不同的空间体验和感知（表 5–5）。

滨水建筑高宽比对空间感觉的影响 表5–5

高宽比	视角	空间感受	形态构成
D/H=1/2	60°，观察建筑细部	有压迫感	空间围合感强，界面的缺口对空间产生较大影响
D/H=1	45°，观察建筑细部、局部	高度与空间有均匀感	封闭与开敞感觉不明显
D/H=2	27°，观察建筑主体	有封闭感，无压迫感	开敞感与水平延伸感增强
D/H=3	18°，观察建筑总体	有离开感	
D/H=4	14°，观察建筑轮廓，以及建筑与环境的关系	失去相互之间的影响力	水平延伸感急剧增强，两岸空间对于水域空间的影响大大削弱
D/H=6	9°	封闭感下限	
D/H=8	8°	封闭感消失	

（资料来源：区绮雯 . 城市公共滨水地区空间性控制指标体系 [D]. 广州：华南理工大学，2009：79.）

根据相关研究，在 D/H 小于 1 的情况下，空间的围合感强，水体两岸的空间联系紧密而形成统一整体。在 $1<D/H<2$ 的情况下，水面与建筑物的高度和宽度比例较为均衡，此时呈现出一种空间围合感强但不具有压迫感的状态，两岸的整体空间结构更为和谐。在 $3<D/H<4$ 的情况下，两岸的开放性得到一定提升，此时是观赏对岸风景较为理想的状态。在 $4<D/H<8$ 的情况下，水体两侧的相互影响逐渐减弱直至消失，此状态下，天际的轮廓线成为人视点观察两岸建筑所能捕捉到的最显著标志。因此，滨水空间宽度与滨水建筑高度的比值临界点为 4，大于临界点时，水体与两岸关系较弱，此时以单边

① 李珏 . 山水城市空间形态分区控制方法研究 [D]. 广州：华南理工大学，2012.

水岸形态管控为主；小于临界点时，水体与两岸关系较强，此时统筹双边水岸开展形态管控（表 5-6）。

各类水岸天际轮廓线控制示意　　表5-6

天际轮廓线	单边水岸	双边水岸
控制示意	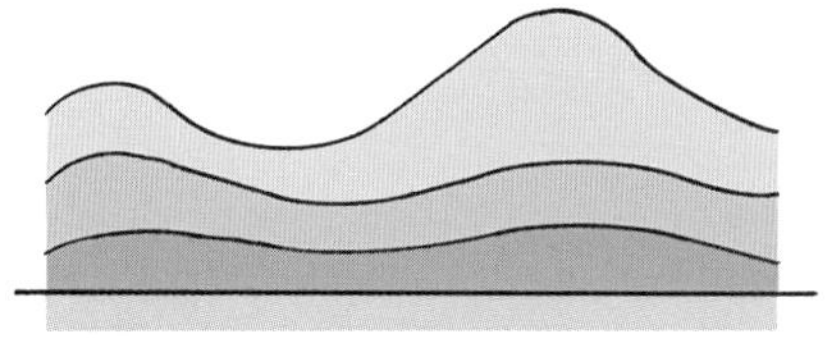	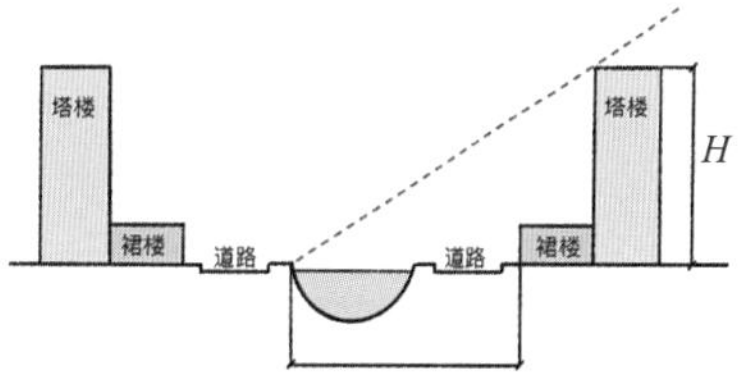 塔楼 裙楼 道路 道路 裙楼 塔楼 H
视线通廊	**线形水岸**	**环形水岸**
控制示意	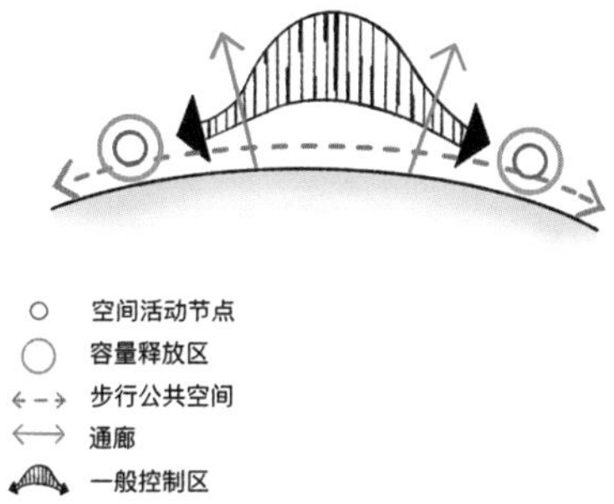 空间活动节点 容量释放区 步行公共空间 通廊 一般控制区	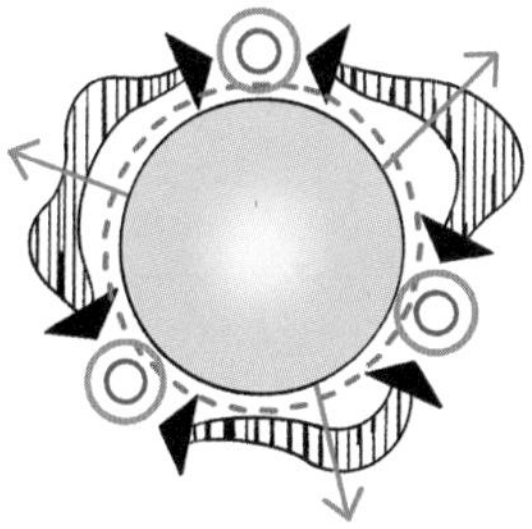

对于单边水岸形态管控，应注重滨水建筑高度向水岸呈现逐步递减的布局，并注重天际轮廓线的高低变化和层次性，根据土地利用类型、道路交通条件、公共服务设施、商业集聚潜能等综合考虑，打造协调有辨识度的滨水天际轮廓线。对于双边水岸形态管控，除了考虑两岸建筑高度、天际轮廓线等之外，更应注重空间尺度的优化与双边空间联系的加强，营造尺度宜人的水岸空间体验（表 5-7）。

水城之间的视线通廊营造是水城关系塑造中的重要内容，无论是单边水岸管控还是双边水岸管控，都注重营造垂直于水体的视线通廊，通廊通常与城市重要景观标识、滨水公共空间的重要节点相串联，当岸线环状布局时（如环湖式），则注重打造放射性的视线通廊。借鉴美国纽约的规划经验，当滨水区域地块宽度小于 120m 时，可不设置通廊；当滨水区域地块宽度在 120~180m 时，可设置间距不超过 60m 的通廊；当滨水区域地块宽度大于 180m 时，可设置间距不超过 90m 的通廊。根据滨水空间的性质

双边岸线的空间形态示意　　表5-7

双边岸线	T1自然分区	T2乡村分区	T3市郊分区
断面	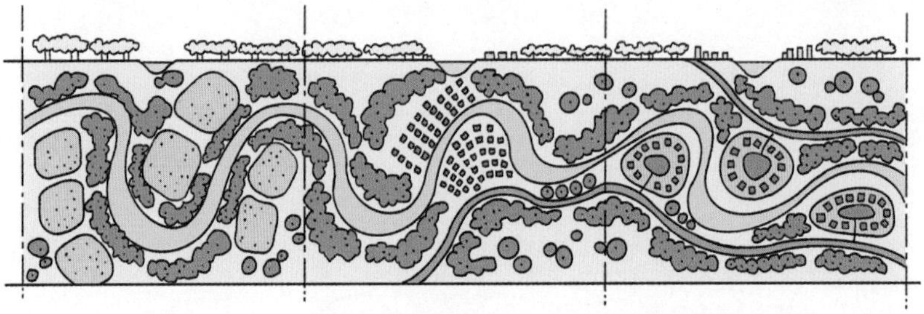		
天际轮廓线	以自然水体、植被为主	村落建筑临水而建，高度以2-3层建筑为主	建筑沿水道走势组团布置，*D*/*H*不作严格控制
轮廓线简图		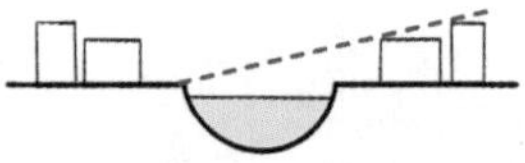	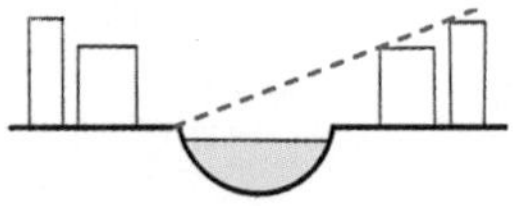
双边岸线	**T4一般城市分区**	**T5城市中心分区**	**T6城市核心分区**
断面	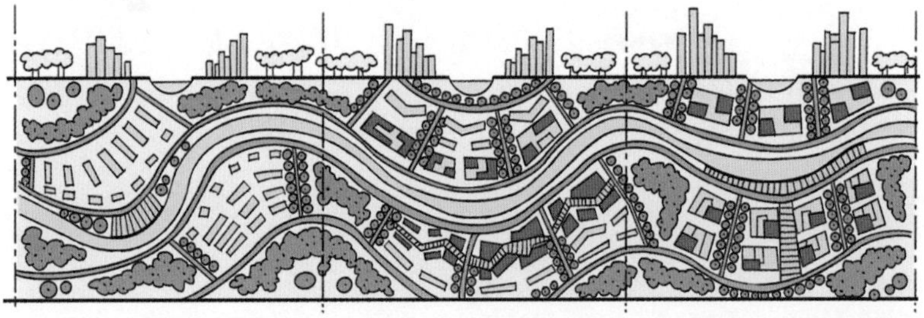		
天际轮廓线	滨水建筑高度向水岸递减，*D*/*H*=1	滨水建筑高度向水岸递减，*D*/*H*=2/3	滨水建筑高度向水岸递减，允许部分地标建筑突破高度控制要求，*D*/*H*=1/2
轮廓线简图	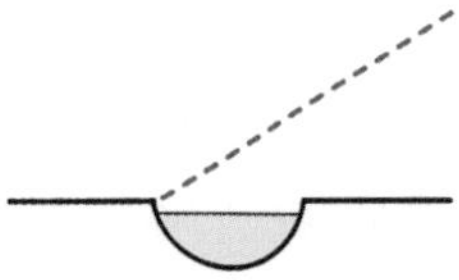	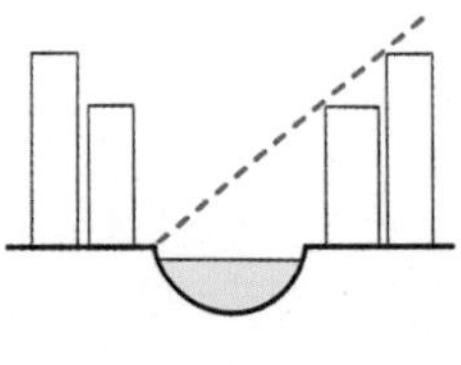	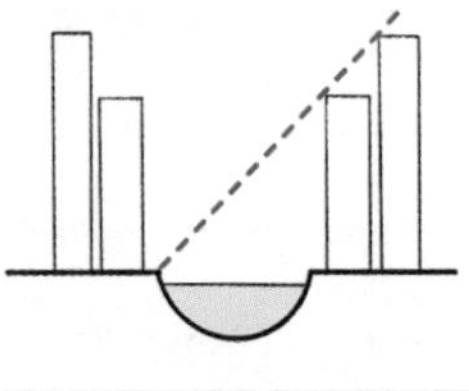

差异，通廊宽度可设定为4m（私密区）、10m（普通公共区域）、25m（核心公共区域）（图5-5）。

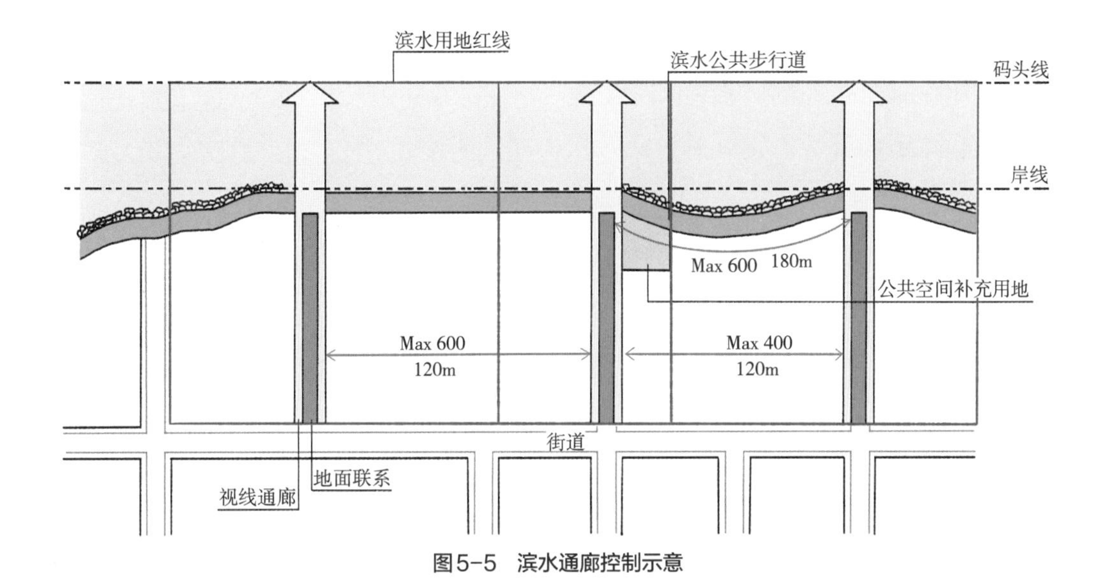

图5-5 滨水通廊控制示意

5.2.3 山水城关系

“背山面水，负阴抱阳”是中国传统城市风水格局中的城市与山水的关系。山水城市是“山与城”“水与城”关系的综合体。但当代城市规划实践中，多将临山、滨水城市设计与空间形态控制作为相对独立的两个板块分别开展，没有将山水城的关系作为有机联系的整体进行统筹考虑。面向未来的山水城乡空间规划设计，应着重对滨水临山地区的空间形态开展综合管控，构成山水一体的景观通廊网络，使“山水城”互通共融（图5-6）。

相关研究分别对“山与城”“水与城”的不同类型、相互关系及城市空间形态控制的目标与方法进行了梳理，亦有研究综合两方面的讨论，从山、水、城三者之间的相互关系入手，探讨不同尺度下城市空间形态的规划管控方法。其中，在宏观层面上，可以

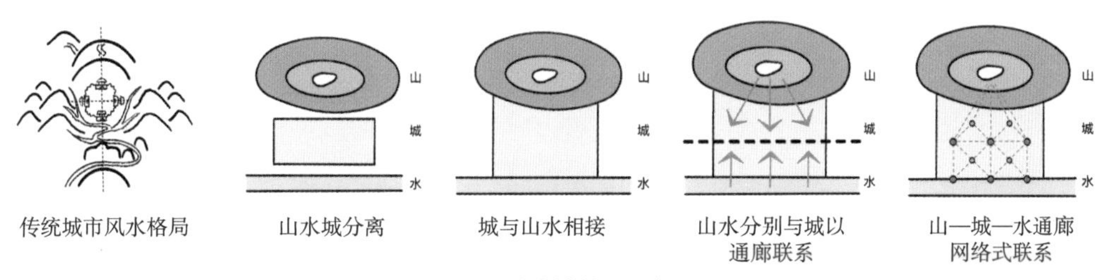

图5-6 山水城关系示意图

根据各种山水城市的特性，将城市划分为不同的形态区域，并选择合适的规划控制策略；在中观层面上，可以根据整体城市天际轮廓线，确定山、水、城的建筑高度控制和景观风貌控制等内容；在微观层面上，可以结合人的感知尺度，以景观视廊打造为抓手开展建筑立面、街道尺度、公共空间和景观节点营造等综合性规划控制。

相关研究根据山水城市的空间形态分析，抽象提炼出了现代山水城市的理想空间模式，即山环水抱中心组团式结构布局。具体而言，以山体为圆心，城市和水系分别围绕山体构建，通过沿山体放射状的视线廊道，连接城市的重要公共空间节点，以水系作为骨架引导各要素分布和流动，从而形成高度联系、具有良好视觉景观效果的山水城市空间网络。在现代山水城市的理想空间模式中，选择不同的象限，可以分解提炼得到不同类型的山水城市空间形态类型[①]（图 5-7）。

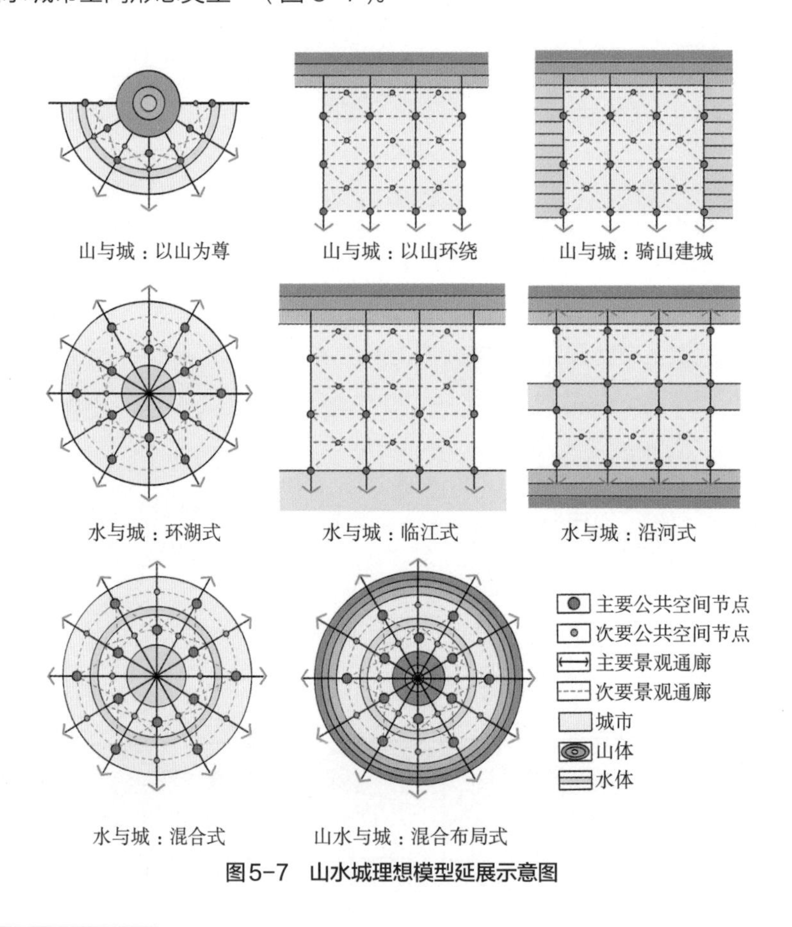

图5-7　山水城理想模型延展示意图

① 李珏．山水城市空间形态分区控制方法研究 [D]. 广州：华南理工大学，2012.

5.3 基于地理信息分析的山水城乡空间构成模拟

山水城市的发展依赖于山、水、城的基础。山水城乡空间的布局与形态是由城市发展保障的基本需求，叠加城市山水意象下的审美需求，两方面综合影响形成的产物。现有研究中提出“基于发展保障的基础形态模拟”与“基于美学需求的形态修正模拟”相结合的研究方法，为山水城乡空间规划中的布局与形态模拟提供了分析思路。

5.3.1 基于发展保障的基础形态模拟

山水城乡空间格局的基础形态模拟主要考虑资源本底特征、遗产资源特征、建设管理条件几方面因素。

1. **资源本底特征**

资源本底特征着重从自然地理的本底条件出发进行考量，其是构建自然生态空间保护框架的基石。资源本底特征的考察主要关注两方面要素：

一是地形地貌单元。关注地貌单元与地质构造单元的相对一致性与完整性，从地形地貌条件与地质条件提取可能对山水城乡空间边界产生影响的基本要素。具体而言，地形地貌条件关注可能对生态生物分异产生重大影响的高程坡度、山形水势等；地质条件则关注重大构造线、断层的空间分布。

二是自然资源区划。关注研究区域基本自然资源的空间分布情况与区划特征。具体而言，分水文流域、土壤条件、植被条件三方面提取可能对山水城乡空间边界产生影响的基本要素。其中，流域作为承载较为完整的生态系统活动过程的地域单元，常被作为基础分析单元被广泛运用于各类生态分析与评价中，强调生态保护修复中的上下游联动、岸上岸下联动。土壤条件与水文条件相联动，是影响生态系统物质能量过程与物种栖息繁育最为基础的要素之一，因而土壤条件的空间分异与区划情况也应纳入考量。植被是反映自然地理环境的“镜子”，也是生物栖息环境的构成主体，林地在自然保护地所有用地类型中占比达 60% 以上，因而植被条件的空间分异与区划情况需纳入考量（图 5-8）。

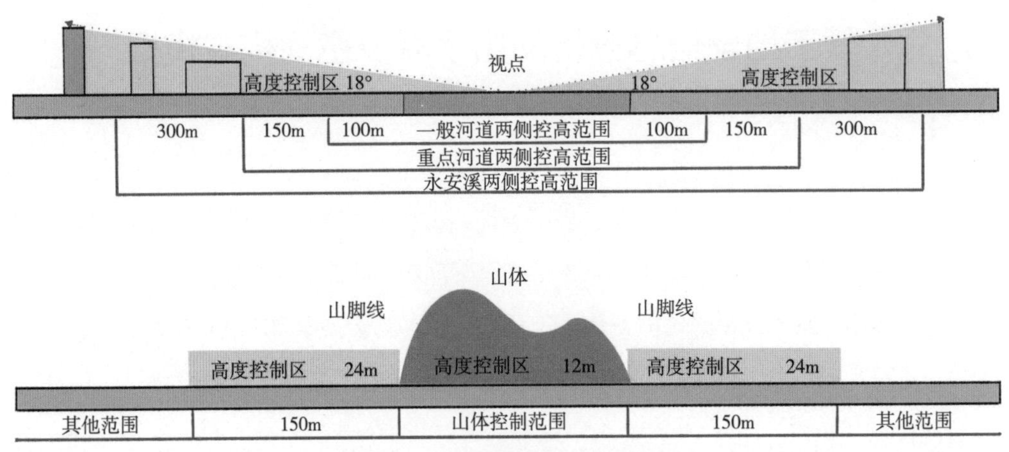

图5-8 山水城市生态安全因子分析

2. 遗产资源特征

遗产资源特征着重从自然山水空间保护目标角度出发进行考量，生态系统原真性与完整性、生态物种多样性、景观遗迹独特性是山水城乡空间保护的直接对象，其空间特征是指导基础形态模拟的重要依据。

一是生态系统原真性与完整性的保护。为保证所要保护的山水空间生态系统结构、过程与功能的完整，至少需要提取生态系统斑块、生态系统廊道、生态系统基质三方面空间要素，作为空间布局和形态推演的依据。其中，生态系统斑块关注生态源地、生态脆弱区与敏感区的分布，生态系统廊道关注水系等重要的生态系统物质能量联系通道，生态系统基质则关注足够支持某一个或几个核心生态系统完整性的自然环境本底的范围界限。

二是生态物种多样性的保护。在空间上需着重提取物种保护的核心斑块与廊道，此外还需保障物种结构的复杂度与完整度不被保护地边界切割破坏，即要求垂直或水平。物种保护核心斑块关注重点保护动植物分布的高密度区和重要栖息地，物种保护廊道则关注重点保护动物迁徙或溯洄的通道，二者都可能具有季节性，可探索设置季节性管制分区制度。

三是景观遗迹独特性的保护。从自然景观与人文景观两方面出发提取分析要素。其中，自然景观重点关注特色自然遗迹和自然景观的密集分布区。此外，还需考虑各个自然遗迹或自然景观点之间的内在联系性和空间分异特征，避免孤岛化、碎片化保护。文化景观同样需要关注其密集分布区、内部连通廊道和文化生态分区情况。

3. 建设管理条件

建设管理条件着重从现实制约的角度出发进行考量，山水城市的管理现状与建设条件是实行新的空间管制制度成本的重要影响因素，对建设管理条件的考察主要关注建设管理的延续性和协调性两方面因素：

一是建设管理的延续性。以既有空间管制政策为参考，同时考虑土地权属边界、历史遗留问题等对未来规划落实可能造成的影响，尤其是将山水空间管制强度升级时需充分考虑其对既有土地发展权的制约，评估实现相关权属转换需要的成本。

二是建设管理的协调性。考虑规划落实过程中可能与其他类型空间管制制度产生的冲突，尽可能避免将严重冲突区划入山水城乡空间核心保护区边界内。其中，在土地利用现状方面，可提取城镇体系布局、镇村体系布局、历史文化遗址保护区、永久基本农田、生态保护红线、探矿权采矿权等的设置情况和近期重大项目规划情况等。

结合上述因素，基于地理信息分析，采取多因子综合叠加评估方法，构建山水城乡空间布局的基础形态模型。

5.3.2 基于美学需求的形态修正模拟

为突出山水城市空间的特色，在保障城市发展需求的基础上，还应基于城市整体的山水意象，以美学需求为目标，对山水城乡空间布局的形态进行修正。形态修正主要从人视角出发，考虑高层环视因子、高层俯视因子、地面远眺因子和节点通廊因子四个因素。

1. 高层环视因子

高层环视因子侧重分析城市主要制高点与山体或滨水景观之间的视野和空间互动关系。选取山水城市内主要的制高点和山、水轮廓线及重要景观节点，以确保制高点到山、水轮廓线和特定景观节点之间的视线不受遮挡为原则，明确各制高点的视野范围控制扇面，叠加各制高点控制扇面，即可形成高层环视因子控制区，以此作为山水城乡空间形态控制的依据之一（图 5-9）。

2. 高层俯视因子

高层俯视因子侧重分析城市制高点与城市重要地面公共空间之间的视野和空间互动关系。选取山水城市内主要的制高点和重要地面公共空间，以确保重要地面公共空间和

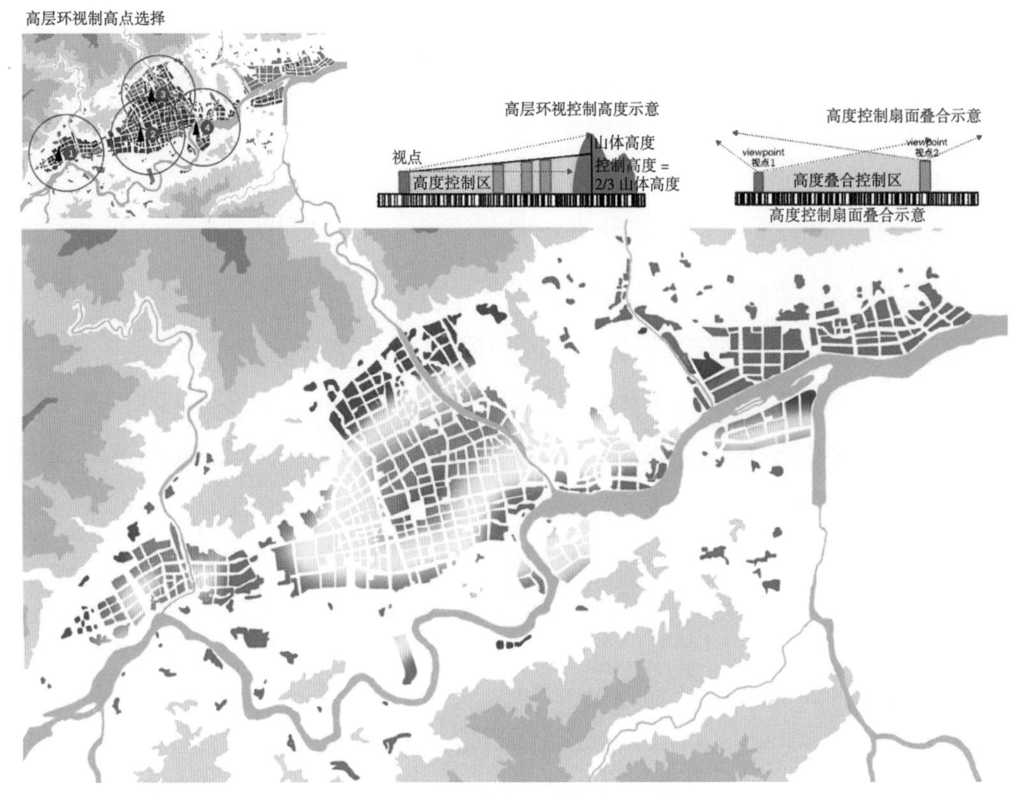

图5-9 高层环视因子设计和分析图

城市主要制高点之间的视线不受遮挡为原则，明确各制高点的视野范围控制扇面，叠加各制高点控制扇面，即可形成高层俯视因子控制区，以此作为山水城乡空间形态控制的依据之一（图 5-10）。

3. 地面远眺因子

地面远眺因子侧重分析城市重要地面公共空间与山体或滨水景观之间的视野和空间互动关系。选取山水城市内重要的地面公共空间观察点和山、水轮廓线及重要景观节点，以确保重要地面公共空间观察点和山、水轮廓线及重要景观节点之间的视线不受遮挡为原则，明确各观察点的视野范围控制扇面，叠加各制高点控制扇面，即可形成地面远眺因子控制区，以此作为山水城乡空间形态控制的依据之一（图 5-11）。

4. 节点通廊因子

节点通廊因子选取城市关键形象控制区域和主要景观通廊（图 5-12），遵循通廊中

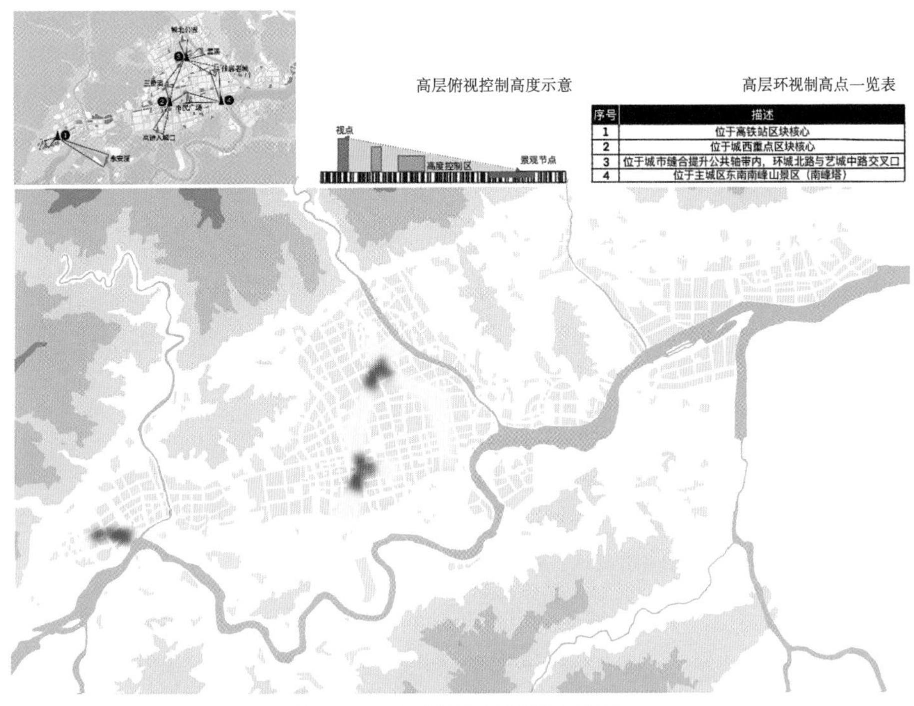

图 5-10　高层俯视因子设计和分析图

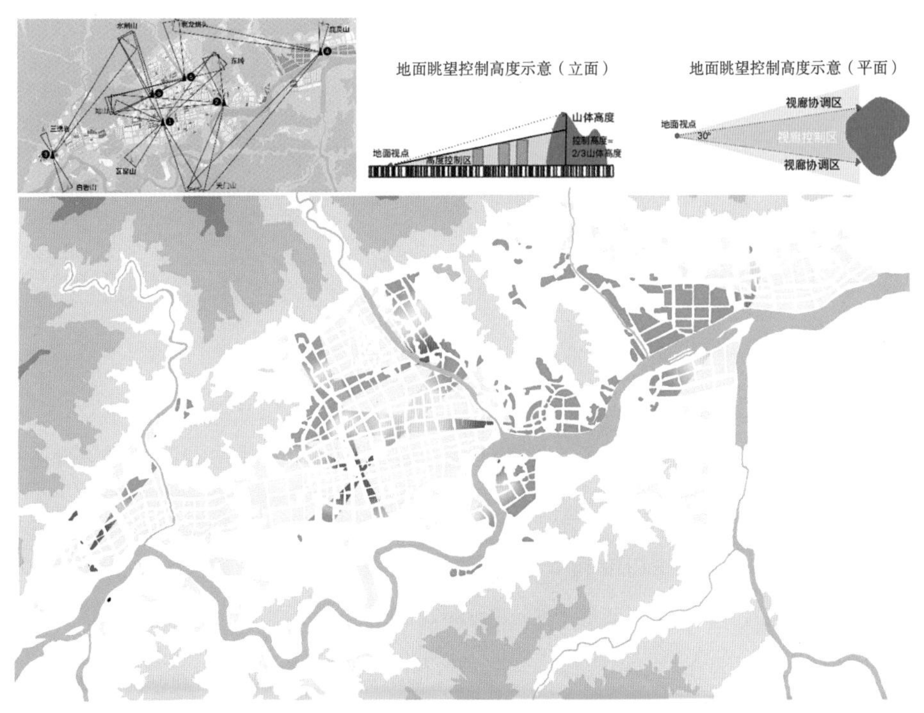

图 5-11　地面远眺因子设计和分析图

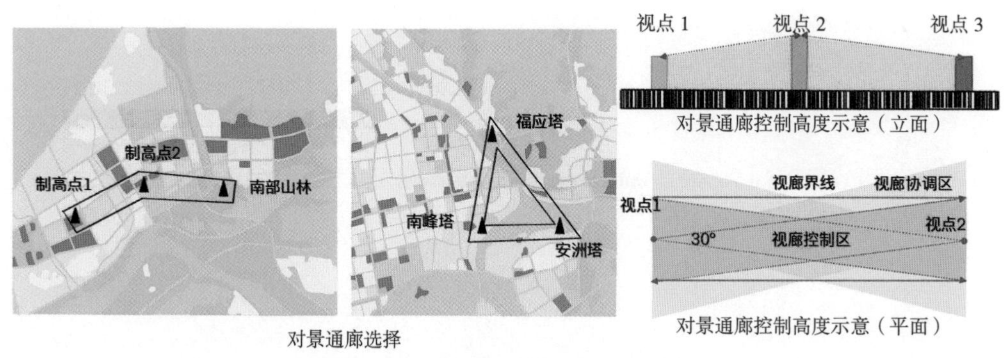

图 5-12　节点通廊因子设计和分析图

重要节点相互可见的原则，可确定通廊的控制高度和控制视域。对所有通廊控制界面进行三维叠加，即可形成对景通廊的控制区，以此作为山水城乡空间形态控制的依据之一。

5.3.3　山水城乡空间形态的综合模拟

通过将基于发展需求导向和形态修正导向产生的空间形态模拟结合进行双导向综合叠加，即可得到保障自然文化生态安全，凸显地域资源特色，展现山、水、城景观综合效应的山水城乡空间布局与形态模拟，该模拟结果可为制定城市综合规划与设计方案提供支撑（图 5-13）。

5.4　基于地域组构分析的山水城乡空间传承基因提取

“空间基因”由段进院士提出，是推动我国城市设计从普适性向地域性转变的重要理论，其认为空间基因是城市建成环境与其自然山水背景、历史人文底蕴下漫长的交互影响中所形成的一系列独特且相对稳定的空间组构模式，其承载着地区的独特信息，成为城市的典型标识。基于空间基因研究，我们可以清晰地认知城市山水人文空间发展演进的根本规律以及其地域组构模式生成延续的机制，为指导城市形态组织和场所营造、保护和传承地域文脉风貌提供有力支撑。

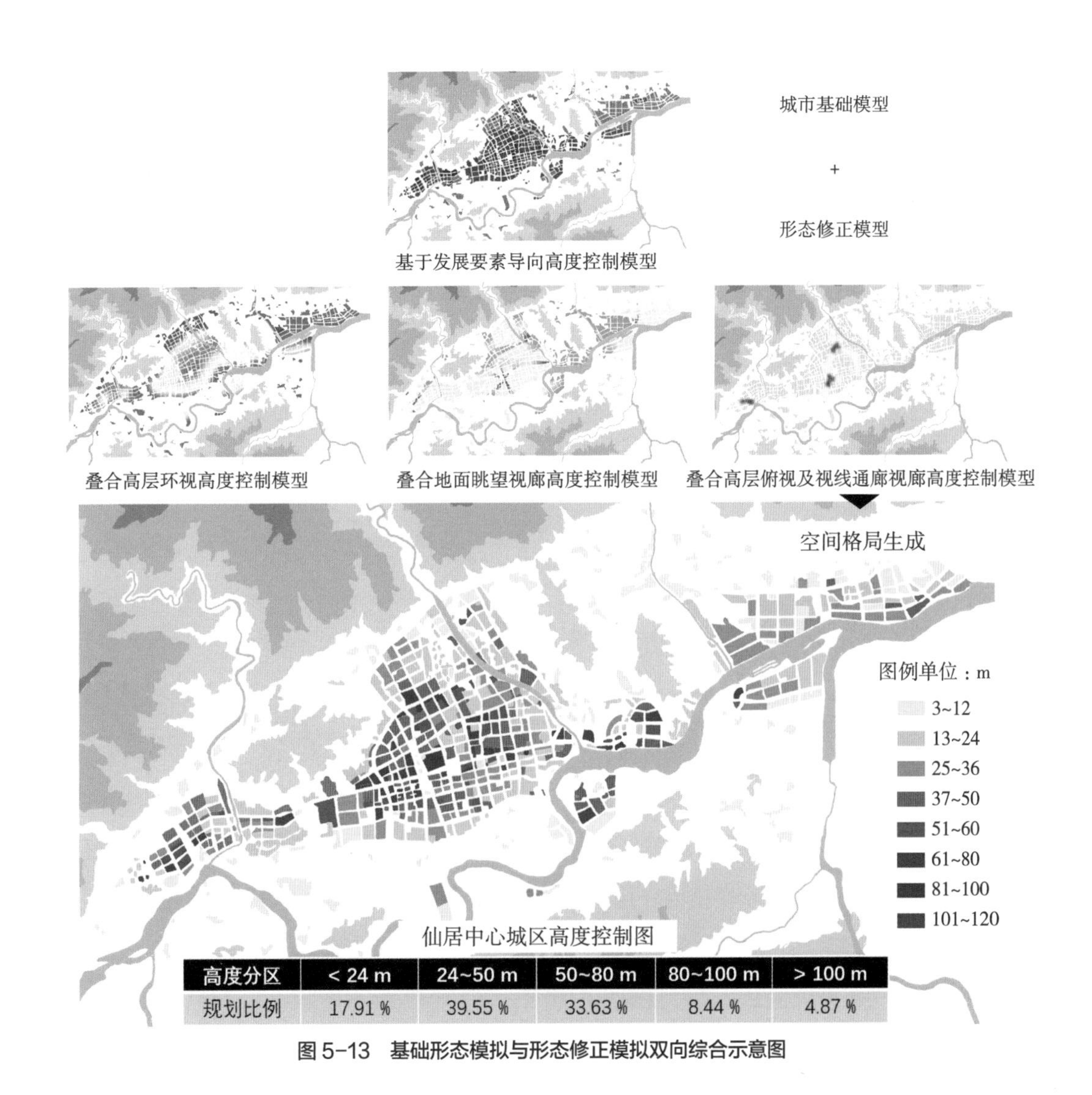

图 5-13 基础形态模拟与形态修正模拟双向综合示意图

长三角地区江南水乡的聚落环境，由河湖水网圩田密布的基底环境和大小不一、形态各异的村镇有机分布、共同构成，具有自然与人工环境和谐共生的特征。其城市设计既是世界级水乡人居典范的重要展示内容，又符合我国生态绿色发展的核心要求。段进院士设计团队对江南水乡的空间基因进行了深入而系统的长期研究，识别并提取了江南水乡地区在生态基础、聚落布局、聚落纹理和建筑风格四个方面的关键空间基因，将其作为保护江南水乡的地理环境、传承地方文化、创造具有地域特色的空间景观和标识场所的关键（表 5-8）。

江南水乡的空间基因识别、提取和传承设计方案 表5-8

层面	空间要素	影响机制	空间基因	基因传承与设计管控的原则
生态本底	河湖、水网、圩堤、田塘、桑林	水利防洪与农耕生产	塘浦圩田 桑基鱼塘	保护并延续现有农业生态基底与地景地貌，重点打造三个生态示范园
聚落格局	河、湖、田、塘、林、城、镇、村	聚落的选址与生长	内沿河道生长 外倚田湖共生	延续单轴型、多轴型、团块型等聚落空间沿河道布局的生长模式，并有机融入外围的河、湖、田、塘整体格局
聚落肌理	街坊、街市、节点	聚落的功能与空间布局	院落成坊 街市枕河 桥头船湾	重点对一些更新建设与新功能植入类的村庄以及核心区新建组团的点、线、面空间进行设计与管控
建筑风貌	建筑元素、材料元素	地域环境与文化影响下的建筑营造	粉墙黛瓦 褐木青石	塑造江南韵、小镇味和现代风交织共鸣的建筑风貌

5.4.1 生态本底基因传承

1. 空间基因提炼：塘浦圩田和桑基鱼塘

江南水乡地区河流和湖泊遍布，地形相对较低，汛期经常遭受水灾。从春秋时期开始，当地的先辈们就在这片土地上开始了水系的整治和田塘的开发工作。塘浦圩田作为一套重要的水利农耕体系，在两千多年的历史中持续发展并传承至今。塘浦圩田是在河荡滩涂周围挖掘土壤，构建堤岸和环带，并进一步形成圩区，从而将外界的水流阻挡在圩堤之外；圩内的河渠纵横交错，宛如一张精巧的网，细腻地编织着水乡的空间肌理。“塘”和“浦”都是圩田内纵深交织的河渠，主要用于蓄水和灌溉。涵闸是链接圩区内部水系和外部水系的关键，通过其精巧的设计，可有序调蓄水资源，在确保农田得以及时供水的同时，防止洪涝灾害的发生。塘浦圩田对于长三角江南水乡地区的价值不仅是一套水利农耕体系，更是一种传承千年的农耕文化与空间基因，其将长三角地区的低洼滩涂转化为万顷良田，为地区农业经济繁荣发展千年奠定坚实基础。

同时，江南水乡地区深厚的丝绸产业发展基础，催生了被誉为世界级的传统循环生态农业模式——桑基鱼塘，该模式将圩田和鱼塘有机结合，打造了“塘基种桑、桑叶喂蚕、蚕沙养鱼、鱼粪肥塘、塘泥壅桑”的高效农业生产模式，不仅增加了种桑饲蚕养鱼的农副渔业经济效益，还有助于水乡地区维持生态平衡、促进动植物资源的循环利用，并形成了田埂、塘基、桑树错落有致、协调一体的水乡特色林田景观。

因此，段进院士团队将塘浦圩田和桑基鱼塘两大特征提炼作为长三角江南水乡地区

图 5-14　生态本底基因：塘浦圩田和桑基鱼塘

的生态本底基因（图 5-14）。

2. 生态本底基因的传承和规划管控

从塘浦圩田和桑基鱼塘这两大空间基因的保护传承视角出发，段进院士团队为长三角江南水乡地区农业和生态空间的保护与设计管控提出了一系列策略。在农业和生态空间格局优化方面，应严格保护现有水系和圩区结构，持续优化国土空间“三区三线”格局，通过构建“多规合一”平台，实现土地资源的综合规划管控，为区域经济社会可持续发展提供强劲支撑。同时，考虑到当前防洪排涝和水质污染的风险，需构建跨行政区域的空间治理体系，联合开展清淤疏浚、岸坡整治、堤防加固、水系连通、景观塑造和截污控源等行动，以加强地区整体河道、湖荡、湿地的自然连通，提高河湖水环境的质量，构建“河畅水清”的良好河湖生态环境。对于永久基本农田，应落实严格保护，结合农业绿色和高质量发展要求，制订相应的整治和提升措施（图 5-15）。

5.4.2　聚落模式基因传承

1. 空间基因提炼：夹岸生长，田湖共生

段进院士团队通过对长三角地区江南古镇的深入研究，将其空间形态归纳为单轴型、多轴型、团块型几种类型。尽管江南水乡的聚落在形态和规模上存在差异，但在选址、生长以及其与周边农业和生态空间的互动过程中，多数选择了水上交通便捷、受水灾影响较小的河道作为主要生长轴，并逐步向外扩展，最终形成了被称为“枕河人家”的聚落生活空间。聚落与其周围的圩田和鱼塘经常构成一个或多个圩区，而在圩区的外

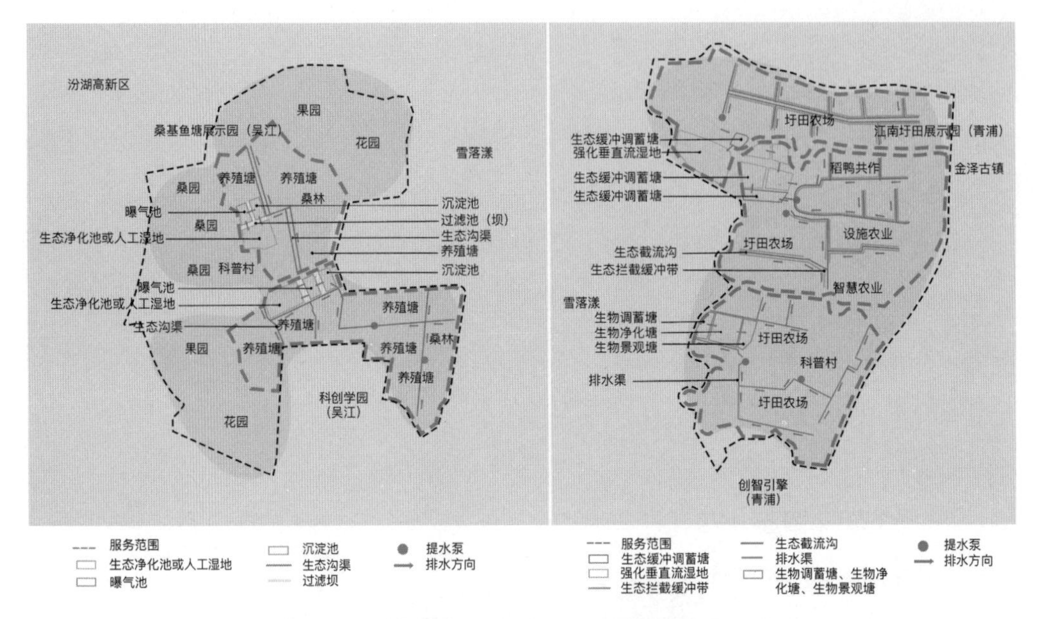

图 5-15　桑基鱼塘展示园和江南圩田展示园设计构思

围则是广阔的湖泊和河流。外围的圩田、鱼塘、河湖、河流等不仅为居民提供了耕种、养鱼、植桑和饲蚕的生产场所，也是聚落空间水利系统和生态保护的关键区域。因此，长三角地区江南古镇的空间格局基因可提炼为“夹岸生长，田湖共生”，即内沿河流集聚、外依田湖共生成的村落群体，体现了一种生产、生活、生态三生空间和谐共融的发展形态（图 5-16）。

2. 关于聚落格局基因的传承和规划管控

从夹岸生长和田湖共生这两大空间基因的保护传承视角出发，段进院士团队为长

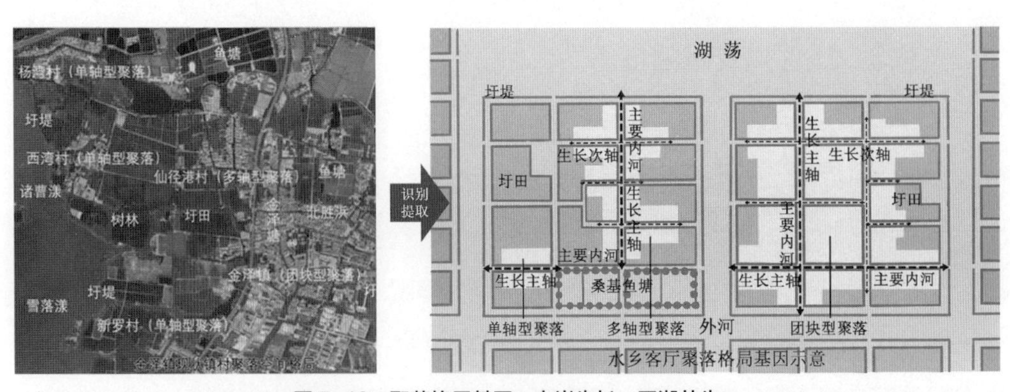

图 5-16　聚落格局基因：夹岸生长，田湖共生

三角江南水乡地区村镇空间格局的保护与设计管控提出了一系列策略。

在村镇存量空间更新方面，应严格保护聚落历史文化景观和特色风貌，通过完善基础设施配套、提升公共服务能力来改善人居环境。根据防洪排涝和生态景观塑造的需求，合理疏浚水系网络，加强河道的空间骨架结构作用，以最大限度减少过去的粗放式城镇化建设对水乡地貌特征的破坏。

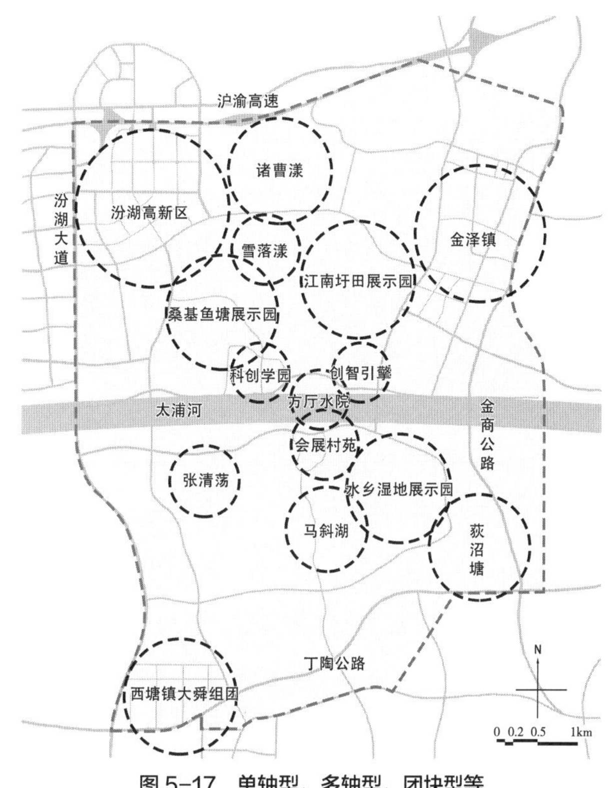

图 5-17　单轴型、多轴型、团块型等多元聚落空间有机融入水乡环境

在村镇增量空间的设计方面，应采取以河道为基础向外延伸的空间布局，打造小村单轴型、大村多轴型和镇区团块型的空间结构。同时，根据不同类型村庄的发展定位与发展要求，将其划分为不同功能导向的规划控制单元，引导乡村地区形成具有地域特色的城镇体系形态。应高度重视对村镇边缘空间的管理和控制，通过采取相对分散的组团布局模式、柔化道路或用地边界等措施，力求最大限度减少建设对圩区空间格局的破坏，加强市、镇、村等建成环境与河流、湖泊、田地、塘池和森林等生态基础的和谐共生（图 5-17）。

5.4.3 聚落肌理基因传承

1. 空间基因：院落成坊、街市枕河、桥头船湾

段进院士团队通过对长三角江南水乡地区的传统村镇开展研究，提出古镇的空间肌理是由街区、街坊等块状空间、沿河的线状空间以及各种节点空间共同构成的。三合院或四合院是江南传统村镇的主要建筑单元，合院纵向排列形成多进院落，再由多个院

落和四周围合的街巷或河道组成街坊。这些块面空间作为主要生活空间，构成了水乡聚落内部的空间肌理主体。同时，沿河生长的空间格局基因促成了“河—街—房”三者并行的线状空间，辅以廊棚、骑楼、披檐等多种建筑，形成了江南古镇最有活力和特色的公共空间。同时，江南古镇中还散布着众多的点状公共区域，其中以桥头空间和转船湾最具特色，其与河流或小巷相连接，构成了交通流动、活动集聚和休闲交流的节点性场所。综上，长三角地区江南古镇的空间肌理基因可提炼为“院落成坊、街市枕河、桥头船湾”，包括聚落中面、线、点三种空间肌理，共同构成了聚落和谐整体的空间肌理形态（图 5-18）。

2．聚落肌理基因的传承和规划管控

从院落成坊、街市枕河和桥头船湾这三大空间基因的保护传承视角出发，段进院士团队为长三角江南水乡地区村镇空间肌理的保护与设计管控提出了一系列策略。

在“面状”空间肌理营造方面，应立足院落空间格局，建立现代化社区邻里单元，在保留传统村落形态特征的基础上融入创新活力和科技文化要素；在“线状”空间肌理

图 5-18　聚落肌理基因：院落成坊、街市枕河和桥头船湾

营造方面，应沿主干河道平行布置步行街和商业服务建筑，根据发展特色植入科创、研发、会议、酒店和文旅等多个现代功能，加强滨河空间的连通性和公共性，适当设置廊棚、骑楼等空间元素，以营造沿河街市的氛围；在“点状”空间肌理营造方面，应结合小桥、流水、小巷和连接水陆交通的流线，设计桥头广场和转船湾等关键空间节点，进一步加强水乡生产生活场景的营造和体验（图 5-19、图 5-20）。

图 5-19　长三角一体化核心区会展村苑组团的设计思路

图5-20　长三角一体化核心区方塘水庭三大组团的设计思路

5.4.4　建筑风貌基因传承

1. 空间基因提取：粉墙黛瓦、褐木青石

段进院士团队通过对江南水乡的传统建筑开展研究，发现其主要由砖石、木瓦等材料组成，展现出其独特的建筑风格。大多数建筑的屋顶都采用了双坡顶设计，并用深灰色的小青瓦进行铺设；室内布局通常简洁明了，前厅宽敞明亮，常见木雕花格窗饰。墙体通常由青砖构建并辅以白色涂料，也存在少数的清水墙和木制墙面；建筑外立面简洁

明快，窗棂细腻，展现着主人的生活情趣。为确保防火效果，通常外墙很少设置窗户，只有面向街市的墙面才会设计较大的门窗。房屋内部结构由清一色的原木制成，梁柱纵横交错，承重方式以抬梁式和穿斗式的木质结构为主；门窗通常由黄褐色或深褐色的木质构件构成，与白墙相得益彰。为了防止潮湿，建筑的地基、墙的下半段、台阶、地面的铺装等部分通常选择使用青石进行砌筑。综上，长三角地区江南水乡的建筑风貌基因可提炼为“粉墙黛瓦、褐木青石”，展示了一幅黑白、简约、精致、诗意的江南水乡画卷（图 5-21）。

2. 建筑风貌基因的传承和规划管控

从粉墙黛瓦、褐木青石这两大空间基因的保护传承视角出发，段进院士团队为长三角江南水乡地区建筑空间风貌的保护与设计管控提出了一系列策略。

图 5-21　吴冠中先生笔下江南水乡画卷（上）与创智引擎组团设计构思（下）

在建筑高度管控方面，延续了水乡小而宜居的设计尺度：存量街区的建筑高度建议限制在 50m 之内，新建街区的建筑高度建议限制在 30m 以内，历史文化风貌区范围内的建筑高度建议限制在 10m 以内，村落空间的建筑高度建议在 10~18m。

在建筑风貌管控方面，除历史文化风貌区内对传统建筑风貌进行严格的保护之外，其他地方也鼓励采用现代化的建筑设计方法、创新的建筑材料以及绿色和智能的新技术，对"粉墙黛瓦、褐木青石"的建筑特色基因进行创造性保护、创新性发展，传承江南水乡独特的建成环境与文化魅力（图 5-22）。

图5-22　长三角核心区方厅水院的设计思路

国土空间总体规划中的长三角山水城乡空间规划探索

跨区域层面：以长三角生态绿色一体化发展示范区为例

市县域层面：以杭州为例

中心城区层面，以江山中心城区为例

重点地区：以杭州之江新城为例

6.1 跨区域层面：以长三角生态绿色一体化发展示范区为例

城市群和都市圈是区域治理的核心焦点，应解决行政区划分割、体制壁垒、政策约束以及缺乏统一管理与协调等问题，跨界地区常常成为空间治理中矛盾和冲突最集中的区域。从空间治理的核心逻辑来看，跨界地区的一体化实质上是政府、市场和公众等各方利益相关者基于特定的组织结构，制定共同的空间发展愿景，并通过相应的资源配置调整实现共同愿景。根据《国土空间规划城市设计指南》，在都市圈和城镇群这两个层面，应运用城市设计的思维方式，加强对大尺度自然山水和历史文化等方面的研究，共同构建自然与人文并重，生产、生活、生态空间相融合的国土空间开发保护格局。具体举措包括：

（1）优化重大设施选址及重要管控边界确定。综合考虑自然地理特征、历史文化要素对重大设施选址、重要管控边界确定的影响，统筹开展选址与边界确定工作。

（2）提出自然山水环境保护开发的整体要求。结合自然山水环境特征，构建大尺度开放空间系统，提出跨区域山脉、水系等空间类型的框架性导控要求。

（3）提出历史文化要素的保护与发展要求。识别历史文化要素特征，明确区域历史文化脉络，提出区域历史文化聚集地、历史遗存遗迹、重要景观节点等空间类型的框架性导控要求。

（4）达成共识性的设计规则和协同行动方案。根据区域空间组织与空间营造特点，拟定需要共同遵守的空间设计规则，汇集各地区的相关诉求，凝聚共识，建立协同行动的机制①。

下面以长三角生态绿色一体化发展示范区为例，分析跨区域尺度上山水城乡空间规划探索。

2019 年，长三角生态绿色一体化发展示范区正式成立，其范围涵盖上海青浦、江

① 中华人民共和国自然资源部 . 国土空间规划城市设计指南：TD/T 1065—2021[S]. [出版地不详]：[出版者不详]，2021.

苏吴江、浙江嘉善“两区一县”，分别来自于“两省一市”，如何借助跨区域的国土空间规划编制，探索山水相依、人文相连的“两区一县”实现跨界一体化的绿色高质量发展。《长三角生态绿色一体化发展示范区国土空间总体规划（2021—2035 年）》① 按照“共同目标—关键行动—示范项目”的逻辑提出规划策略，是跨区域层面长三角山水城乡空间规划设计的重要探索实践。

《长三角生态绿色一体化发展示范区国土空间总体规划（2021—2035 年）》明确了示范区的整体发展愿景为“世界级水乡人居文明典范”，并进一步将这一愿景细分为五个方面：人与自然和谐共生、全域功能与风景共融、创新链与产业链共进、江南韵与小镇味共鸣、公共服务与基础设施共享。围绕“五共”的发展目标，规划从生态环境、城镇功能、产业发展、文化特色、服务配套五个维度提出了相应策略（表 6-1、图 6-1）。

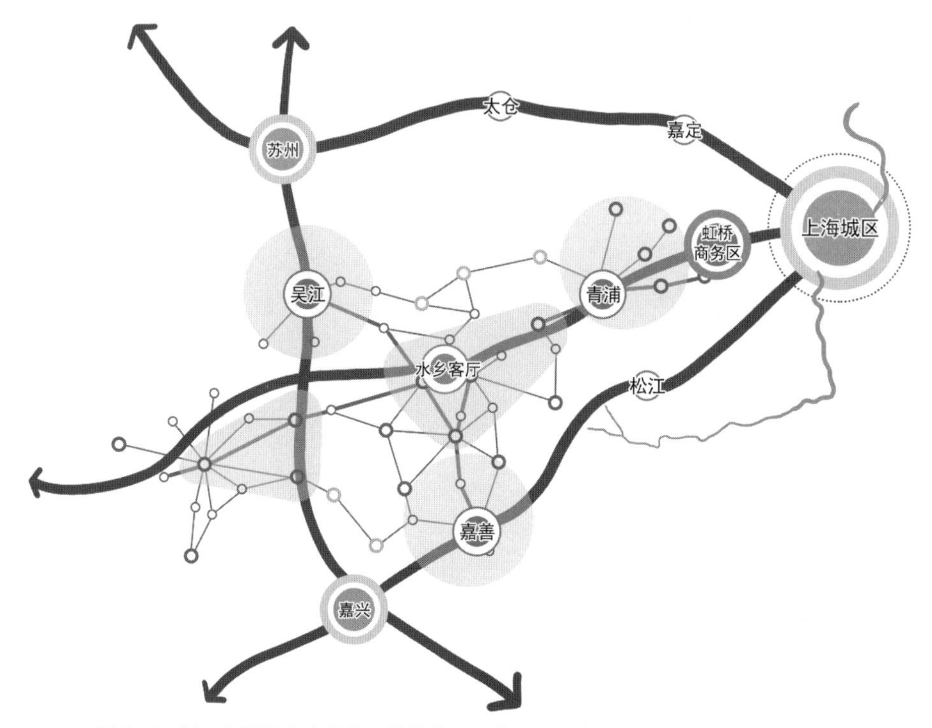

图 6-1 长三角地区生态绿色一体化发展示范区国土空间总体规划空间格局示意图

① 长三角生态绿色一体化发展示范区执行委员会，青浦区人民政府，吴江区人民政府，等 . 长三角生态绿色一体化发展示范区国土空间总体规划（2021—2035 年）[Z]. 2023.

长三角地区生态绿色一体化发展示范区规划指标 表6–1

目标维度	序号	指标名称	示范区2020年现状	2025年示范区	2035年					指标类型
					示范区	青浦区	吴江区	嘉善县	协调区	
人类与自然和谐共生（9项）	1	蓝绿空间占比（%）	—	≥ 66	≥ 66	—	—	—	—	预期性
	2	生态保护红线面积（km^2）	—	≥ 143.32（21.4969 万亩）	≥ 143.32（21.4969 万亩）	≥ 21.97（3.2944 万亩）	≥ 115.09（17.2635 万亩）	≥ 6.26（0.9390 万亩）	—	约束性
	3	河湖水面率（%）	20.3	≥ 20.61	稳中有升				—	预期性
	4	清水绿廊管控宽度（m）	—	（一级清水绿廊） 城镇段：30m 管理范围、60m 保护范围； 农村段：80m 管理范围、200m 保护范围； 郊野段：300m 管理范围、1000m 保护范围、2000m 核心监控范围					参照执行	预期性
	5	森林覆盖率（%）	8.6	≥ 10	≥ 12	—	—	—	—	预期性
	6	重要生境保护程度覆盖率（%）	—	≥ 80	100				参照执行	预期性
	7	水体水功能区水质达标率（%）	—	≥ 95	100				参照执行	预期性
	8	耕地保有量（万亩）	—	≥ 76.60	≥ 76.60	≥ 17.73	≥ 30.78	≥ 28.09	—	约束性
	9	永久基本农田保护任务（万亩）	—	≥ 66.54	≥ 66.54	≥ 15.24	≥ 26.76	≥ 24.54	—	约束性
全域功能与风景共融（7项）	10	建设用地总规模（km^2）	819.3	≤ 815.0	≤ 803.6	≤ 228.8	≤ 405.0	≤ 169.8	—	约束性
	11	人口规模（万人）	346.6	≤ 360	≤ 380	≤ 130	≤ 160	≤ 90	—	预期性
	12	城镇开发边界面积（km^2）	—	≤ 647.6（97.14 万亩）	≤ 647.6（97.14 万亩）	≤ 185.5（27.83 万亩）	≤ 319.8（47.97 万亩）	≤ 142.3（21.34 万亩）	—	约束性
	13	城镇开发边界扩展系数	—	≤ 1.21	≤ 1.21	≤ 1.16	≤ 1.22	≤ 1.30	—	约束性
	14	城镇开发边界内建设用地占比(%)	—	75–85					参照执行	预期性

续表

目标维度	序号	指标名称	示范区2020年现状	2025年示范区	2035年					指标类型
					示范区	青浦区	吴江区	嘉善县	协调区	
全域功能与风景共融（7项）	15	单位建设用地地区生产总值（亿元 /km^2）	4.8	≥ 8	≥ 15				参照执行	预期性
	16	人均公园绿地面积（m^2/人）	—	≥ 10	≥ 15				参照执行	预期性
	17	骨干绿道长度（km）	—	≥ 500	≥ 700	≥ 180	≥ 370	≥ 150	—	预期性
创新链与产业链共进（1项）	18	制造业和研发用地占城乡建设用地比例（%）	35.4	30 左右	≥ 22	—			参照执行	预期性
江南韵与小镇味共鸣（3项）	19	历史文化街区面积（含风貌区）（hm^2）	684.8	≥ 684.8	≥ 684.8	≥ 423.1	≥ 261.7	—	—	约束性
	20	骨干河道和主要湖泊生活、生态岸线占比（%）	—	≥ 80	≥ 90				参照执行	预期性
	21	新建建筑基准控制高度（m）	—	城区 ≤ 50；镇区 ≤ 30；村庄 ≤ 12					参照执行	预期性
公共服务与基础设施共享（4项）	22	城镇内部路网密度（km/km^2）	6	7 左右	≥ 8				—	预期性
	23	万元地区生产总值用水量（m^3/万元）	—	≤ 25	≤ 20				—	约束性
	24	城镇地区雨水年径流总量控制率（%）	—	≥ 70	≥ 75（城镇建成区 80% 以上的面积达到目标要求）				参照执行	预期性
	25	每百户居民拥有城乡社区综合服务设施面积（m^2）	—	≥ 50	≥ 75				参照执行	预期性

备注：

1. 在“建设用地总规模”这一部分，两个区和一个县的细分指标涵盖了用于示范区整体规划使用的流动性指标（每个区域 2km^2，总共 6km^2）。
2. “河湖水面率”描述的是河流、湖泊和水库的水面面积在整个国土面积中所占的比重。
3. 所谓的“历史文化街区面积（包括风貌区）”是指在历史文化街区（包括风貌区）的保护规划中确定的核心保护区域和建设控制区。

6.1.1 人与自然和谐共生

1. 建立和谐共生的人水关系

规划以人水共生为核心理念，提出区域水网空间布局体系，注重引排水畅通、水城融合、蓝绿空间交融，并提出了三方面的行动策略，一是优化水空间格局，从系统治理角度入手，以将河湖的水面率恢复到历史稳定水平为目标，确定由 100 条河道、76 个湖荡和 6 条历史水路组成的结构蓝线，并结合河网修复、湖荡连通、清淤疏浚、退渔还湖等措施，确保核心水空间得到保护；二是提升水环境质量，在实施统一的管控标准和全方位的控源截污措施的同时，利用生态湿地建设和水岸联治等方法增强水体自净力，将水生态保护与水价值转化紧密结合，打造集艺术性、实用性、安全性、景观性于一体的生态绿色示范河道；三是强化水安全管控，加强对重点水域和重要节点的监督管理，建立长效管理机制，确保水质达标排放。正确平衡圩区排涝和区域泄洪之间的关系，建立流域、水利分区和圩（片）区的三级防控体系进行分区分类管理。

2. 建立生态高质的林田关系

规划以提升生态服务功能为目标，提出构建林田相依的地域生态系统。一方面，大力推广绿色生态农业，充分利用农用地的复合功能，推动现代农业与第二和第三产业的深度融合，形成结构合理、集中有序且功能多元的农业空间。同时，通过强化科学宣传教育，提高农民的生态环境保护意识。另一方面，在严格保护基本农田与生态公益林的基础上，遵循规模适度、宜林则林、多元协调的原则，构建以湿地和农田为核心的生态平衡结构和自然景观格局，合理确定森林覆盖率，推广乡土特色优质林种，打造“高效益、看得见、进得去”的林地布局，为城乡居民提供高质量的林田生态公共产品，推动特色林业经济发展（图 6-2）。

6.1.2 全域功能与风景共融

1. 建立多中心、网络化、融合式的城乡网络体系

依循示范区内城镇村等级体系和空间布局，构建完善由活力城区、特色小镇、美丽乡村构成的三级城乡聚落体系，塑造集生产、生活、生态功能于一体的多中心组团式结构，充分发挥小城镇在联系城区、辐射乡村方面的承启粘合功能，构造层次分明、功能

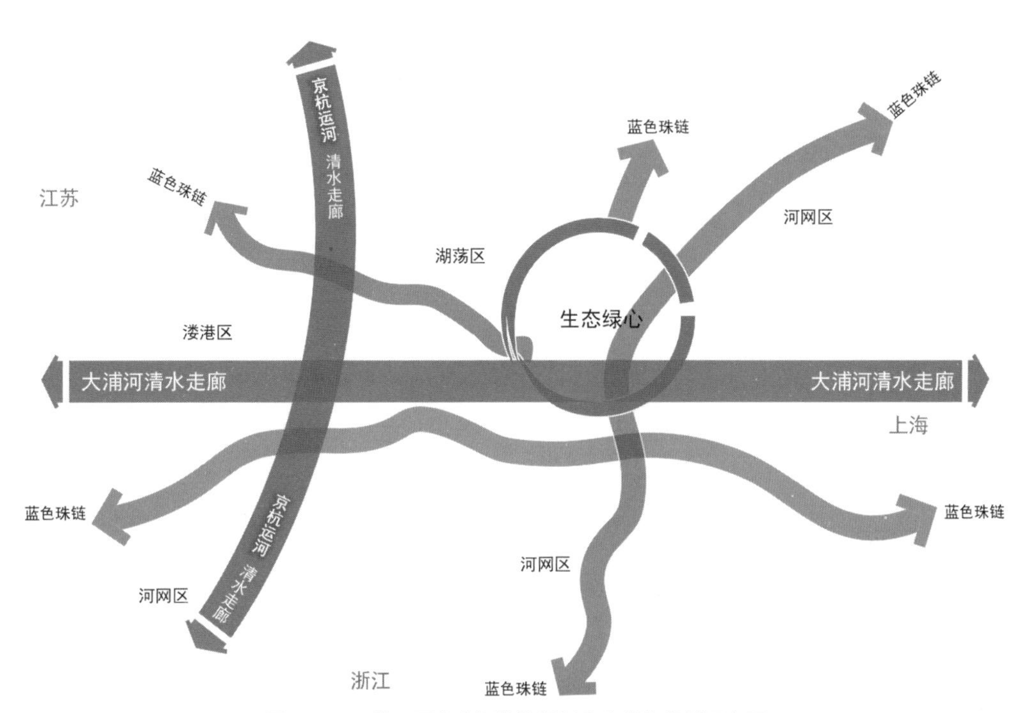

图6-2 示范区国土空间总体规划生态结构规划示意图

符合、城乡融合的扁平空间网络，使其与全球城市功能网络相连接。其中，活力城区包括青浦新城、吴江城区、嘉善城区以及盛泽（吴江高新区），其规划定位为未来主要城市功能的承载者；特色小镇包括科创强镇、魅力古镇、创意名镇、宜居小镇四个类别，其在规划中强调专业分工、营造社区氛围，严格控制新建地区的建筑高度和街区尺度；美丽乡村是未来新经济和新业态的载体，也是实现城乡融合发展的关键组成部分，其规划以保护生态为前提，通过对现有乡村进行合理规划改造、建设生态型乡村等来改善农村人居环境和促进农民增收致富。

2. 打造河、湖、田、林、村完美结合的水乡环境

以镇区或社区为中心，融合周边村落、河流、湖泊、农田和林地等元素，构建示范区独特的基层水乡单元，包括自然生态单元、行政治理单元、功能关联单元三种类型。单元规模为 10~15km^2。在单元内部，镇区或社区规划侧重打造宜居优质、步行友好、尺度适宜、便捷复合的空间，其具有丰富的社区服务设施，可辐射整个镇区及周边乡村；村落以镇区或社区为中心进行组团布局，充分体现“村在田中、田在村中”特征；

道路交通、河流水系等构建了镇与村、村与村之间的便捷交通网络，促进了水乡各单元内部的交流互促与服务共享。

3. 打造蓝绿复合、丰富多彩的自然景观连接通道

构建由郊野公园、城市公园、小镇公园和口袋公园组成的四级公园体系，将 400m^2 以上的绿地、广场等公共开放空间的 5min 步行覆盖率提升到 90% 以上。遵循“绿心成环，向外发散”的原则，串联太湖、淀山湖、太浦河等主要河湖水系，构建区域性风景道系统，连接各种功能单元和自然文化资源，形成多层次线性开放空间。在确保生态系统的稳定和安全的前提下，适度融入生态休闲功能和新经济载体，利用优越的生态和风景资源吸引创新要素的集聚。

6.1.3 创新链与产业链共进

1. 制定动态管理的正负面“准入准则”

以低环境影响、高科技含量、高附加值、高创新能力为导向，以辐射联动长三角区域、联动全球高端创新要素为重点，培育融合型数字经济、前沿型创新经济、功能型总部经济、特色型服务经济、生态型湖区经济等具有全球竞争力和话语权的“五类经济”。结合地方发展转型的客观诉求，采用“两张清单管准入”模式，综合考虑投资强度、产出绩效、开发强度、建设标准、能耗污染、技术水平等多个方面，滚动编制形成国际前沿接轨正向产业清单和传统产能整改提升负面产业清单，建立与资源配置挂钩的全生命周期工业用地管理制度，强化综合考核评价。

2. 搭建“产学研”一体化的产业平台

紧密结合“创新与风景相结合”的新趋势与乡村经济的内在契合度，示范区规划提出打造适度集中、多元融合、弹性灵活的新型产业空间的策略。以高新技术企业总部、高等教育机构、科研机构、创新孵化和中试基地为核心，结合研创园区、服务业集中区、产业社区和产业基地等，打造“研—学—产”板块有序组合的创新集聚区，鼓励研究型学院机构和公共实验室等共建创新平台，打造多方向互动、人才交流、信息互通和服务共享的创新网络（图 6-3）。

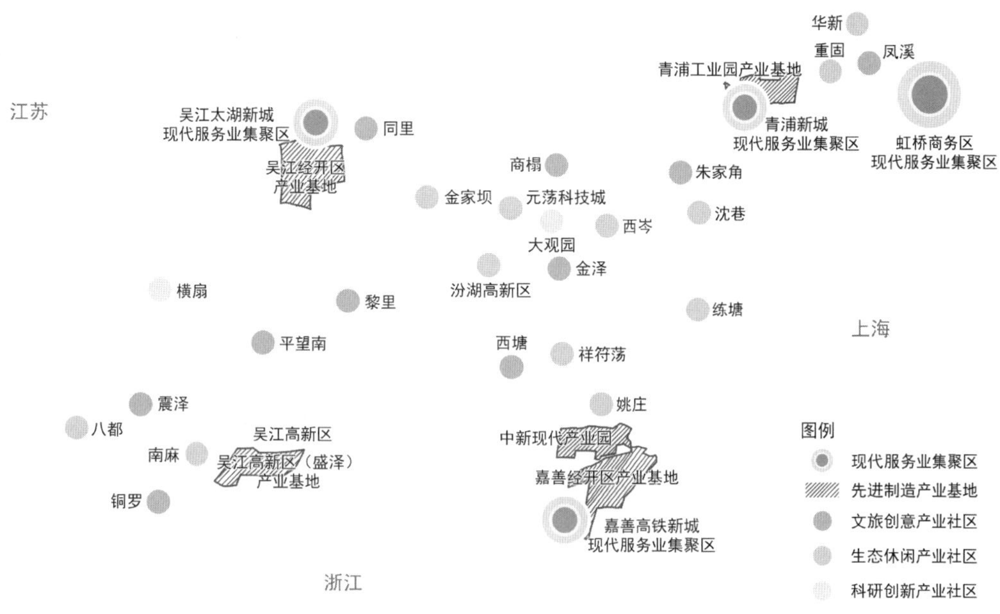

图6-3　示范区国土空间总体规划产业空间规划示意图

6.1.4　江南韵与小镇味共鸣

1. 营造小尺度、低高度、中密度的空间感知

通过精确控制街区的规模、宽度和建筑的高度，营造彰显江南水乡特色的城镇空间氛围，促进邻里间交往互动。其中，街区尺度按照活力城区街坊（200m×400m）、特色小镇街坊（200m×100m）、历史文化街坊（100m×50m）实行三级管控，街道高宽比分生活性、商业性和交通性三种街道实行分类管控，建筑高度按照城区 50m、镇区 30m、村庄 12m 的三级基准高度体系实行分类管理，从而营造出小尺度、低高度、中密度的空间感知。

2. 塑造江南韵、小镇味、现代风的生活场景

传统城镇地区延续历史风貌，传承江南水乡“一河一镇、水宅相倚、水陆双棋盘”的独特空间格局，保持“粉墙黛瓦、小桥流水、古树人家、青石店幌、桨声灯影”等标志性景观元素[①]，适度植入多种新建筑空间，形成了古今建筑交融的风貌特色（图6-4）。

---

① 熊健，范宇，赵宪峰，等．长三角生态绿色一体化发展示范区国土空间组织模式的实践探索 [J]. 中国土地，2023（4）：8-11.

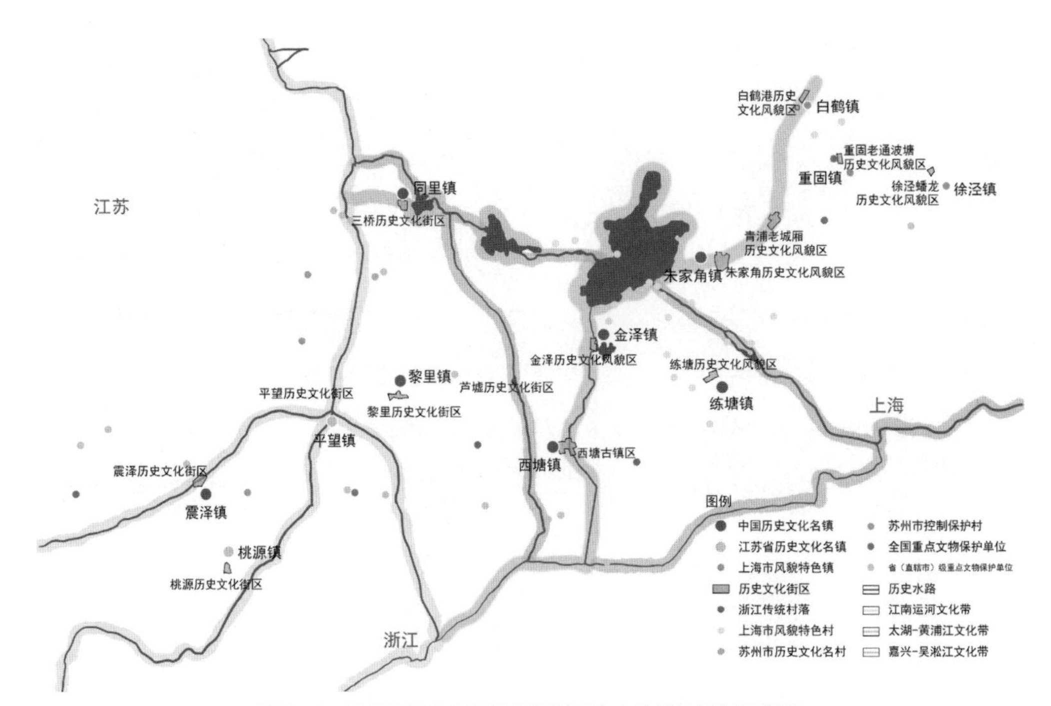

图6-4 示范区国土空间总体规划历史文化保护规划示意图

新建城区在吸纳传统建筑元素的基础上，以“简洁雅致、清新明亮、疏密有度、多元包容”为主基调，致力于打造现代化、多元化和充满活力的城市空间环境。

6.1.5 公共服务与基础设施共享

1. 构建绿色、高效、复合的交通网络

遵循“直连直通”原则，构建包括干线铁路、城际铁路、市域（郊）铁路和城市轨道交通的多层次区域交通系统，建设新型区域性交通集散转化枢纽，加强中低运量公交在片区内部的连通辅助功能；遵循“避让湖荡、有限连通”原则，审慎新建交通设施，最大限度利用现有的国家和省级公路网络提升县域交通的连通性，除交通供给不足且无替代通道的情况外，原则上不再新建六车道及以上的道路；遵循“慢行友好”原则，建设兼备通勤与休闲功能的蓝绿道系统，鼓励居民采取绿色交通方式，优化出行环境、丰富出行体验。

2. 以社区生活圈统筹公共服务设施布局

以社区生活圈为关键，构建“点面融合、梯度供给”的公共服务设施网络，确保

城乡基本公共服务的均衡可及，统筹公共设施网络建设与城镇簇群、轨道交通的统筹布局，以确保高等级公共服务的全面覆盖。推动建设示范区公共服务设施共建共享体系，在跨域交通、旅游观光和文化体验等多个方面率先实现异地同城化服务。

3. **构建完善的绿色智慧基础设施支撑**

建设绿色高效、智慧安全的市政基础设施和防灾体系：以联通共享为原则，高标准建设共享型邻避设施，强化水源、能源、信息源支持；以智能互联为原则，建设面向未来的数字化城镇；以安全共保为原则，构建现代化城市安全体系[①]（图 6-5）。

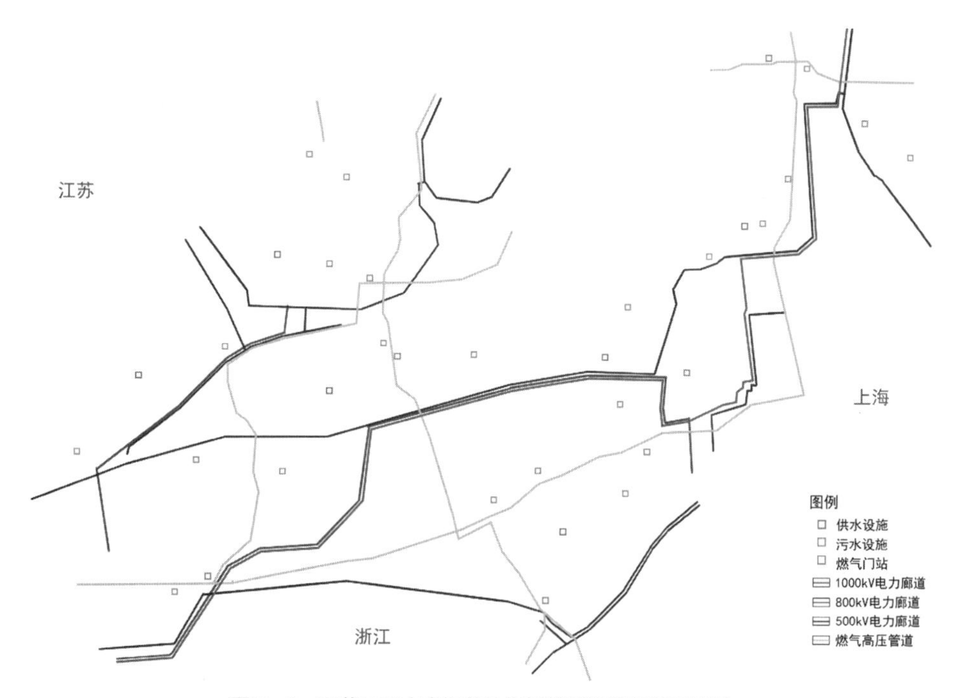

图 6-5　示范区国土空间总体规划基础设施规划示意图

6.1.6　三级八方与多元一体共治

1. **治理架构**

示范区的管理主体包括“三级八方”，即江苏省、浙江省、上海市、苏州市、嘉兴市、青浦区、吴江区、嘉善县，同时代表国家层面的长三角一体化发展领导小组、虹桥

① 郑德高，孙娟，刘迪，等. 长三角一体化示范区的治理逻辑与规划响应 [J]. 城市规划，2023，47（9）：45-55.

商务区管委会等均参与示范区管理。为解决多个层次、多个主体话语交织的问题，规划成立了“理事会—建设执行委员会”的两级常态化区域协商平台，为示范区的治理提供了坚实的组织保障。该平台由两省一市的主要领导轮流担任主席，各主要部门也参与其中，同时还邀请了企业和智库等共同参与。在此框架下，理事会与建设执行委员会密切协作，形成了一种高效的决策执行机制。建设执行委员会作为两省一市人民政府的联合代表机构，在充分尊重地方话语权和市场自主权的基础上，执行理事会的决策，并发挥其在协商、公共事务管理和示范项目建设中的关键作用（图 6-6）。

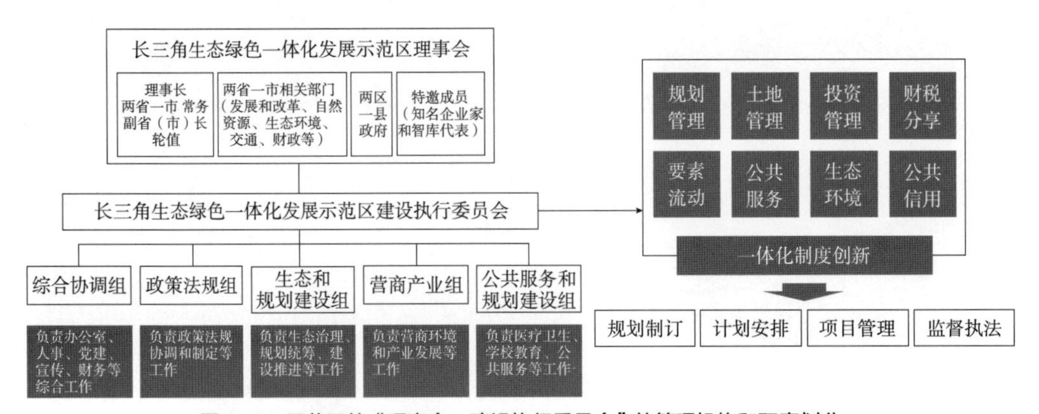

图 6-6 示范区的“理事会—建设执行委员会”的管理机构和职责划分

2. 治理客体

示范区的总体规划并非取代两区一县各自的国土空间规划，而是集中关注跨界合作中最需协调解决和最制约发展的关键问题，通过一体化的方式，实现“拉长长板、弥补短板”。如在自然资源本底方面，两区一县同处太湖流域碟形洼地，水源涵养与生态保育重要性突出，水作为环境承载力和地域魅力的核心要素，又呈现广泛的流域关联特性，必然要在区域层面进行统筹谋划[①]。

3. 治理工具

为了将不同的行政地域治理主体从“有界”的“条块壁垒”转变为“无界”的“并行跑道”，必须开展体制机制改革探索。示范区规划构建了“共同目标—关键行动—示范

---

① 郑德高，孙娟，刘迪，等 . 长三角一体化示范区的治理逻辑与规划响应 [J]. 城市规划，2023，47（9）：45-55.

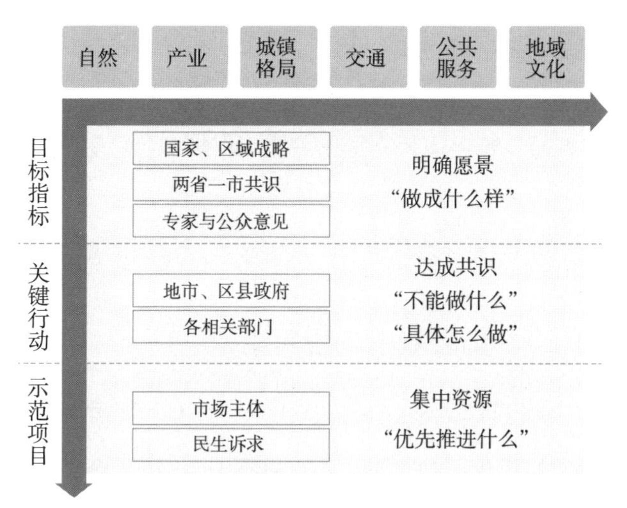

图 6-7 示范区国土空间总体规划“共同目标—关键行动—示范项目”的编制流程

项目”的技术路线，把长远与近期、时间与空间进行有效统一。同时，针对空间规划中提到的关键方面，示范区逐步完善了一系列专门的体制和机制设计，包括土地管理、资源流动、财税分配和服务分配等，以确保项目能够分阶段、有序地进行（图 6-7）。

6.2 市县域层面：以杭州为例

根据《国土空间规划城市设计指南》，在市、县域层面运用城市设计方法，强化生态、农业和城镇空间的全域全要素整体统筹，优化市、县域的整体空间秩序。

（1）统筹整体空间格局。落实宏观规划中自然山水环境与历史文化要素方面的相关要求，协调城镇乡村与山水林田湖草沙的整体空间关系，对优化空间结构和空间形态提出框架性导控建议。

（2）提出大尺度开放空间的导控要求。梳理并划定市县全域尺度开放空间，结合形态与功能对结构性绿地、水体等提出布局建议，辅助规划形成组织有序、结构清晰、功能完善的绿色开放空间网络。

（3）明确全域全要素的空间特色。根据市 / 县域自然山水、历史文化、都市发展等资源禀赋，结合规划明确的市 / 县性质、发展定位、功能布局、制约条件，并结合公众意愿等，总结市 / 县域整体特色风貌，提出需重点保护的特色空间、特色要素及其框架性导控要求①。

下面以杭州为例，分析市县域尺度上山水城乡空间规划探索。

6.2.1 承古启今，拓展城市气质内涵

通过对城市历史和地理格局的研究，从山水、人文、发展的角度进一步挖掘其内涵，延续杭州山水精致且不失简约大气、灵秀且不失疏朗平和的整体意象，传承中国传统山水美学典范，继承弘扬宋韵文脉精髓，营造和谐高品质的人文氛围，同时充分展现城市创新活力与现代化发展成就，拓展“诗画江南，风雅钱塘，创新天堂”的城市气质内涵。

6.2.2 依山就水，梳理整体景观框架

依托“江、湖、山、林、渚、滩、田”景观资源，构建“一水两脉，五景融城”的市域风貌格局，形成“五湖四水一江潮，两脉青山半入城，三轴汇心领钱塘，十景秀色映城郭”的市区风貌格局。

1. 划定城市风貌分区

综合山水文化景观保护和城市各功能区的建设需求，提取影响杭州城市风貌的各种因素，在构建城市风貌格局的基础上，按照自然环境、建成环境和人文环境三种类型划分风貌单元，归纳提炼各单元的主导风貌，形成城市风貌分区（图 6-8、图 6-9）。

2. 明确重点风貌区

在城市风貌分区中，提取具有显著风貌特点且需要加强建筑景观管理的关键区域，如沿山的滨水地带、具有历史特色的区域、区域公共活动中心、交通通道、交通枢纽以及其他主要区域等，划定重点风貌区范围（图 6-10）。

---

① 中华人民共和国自然资源部 . 国土空间规划城市设计指南：TD/T 1065—2021[S]. [出版地不详]：[出版者不详]，2021.

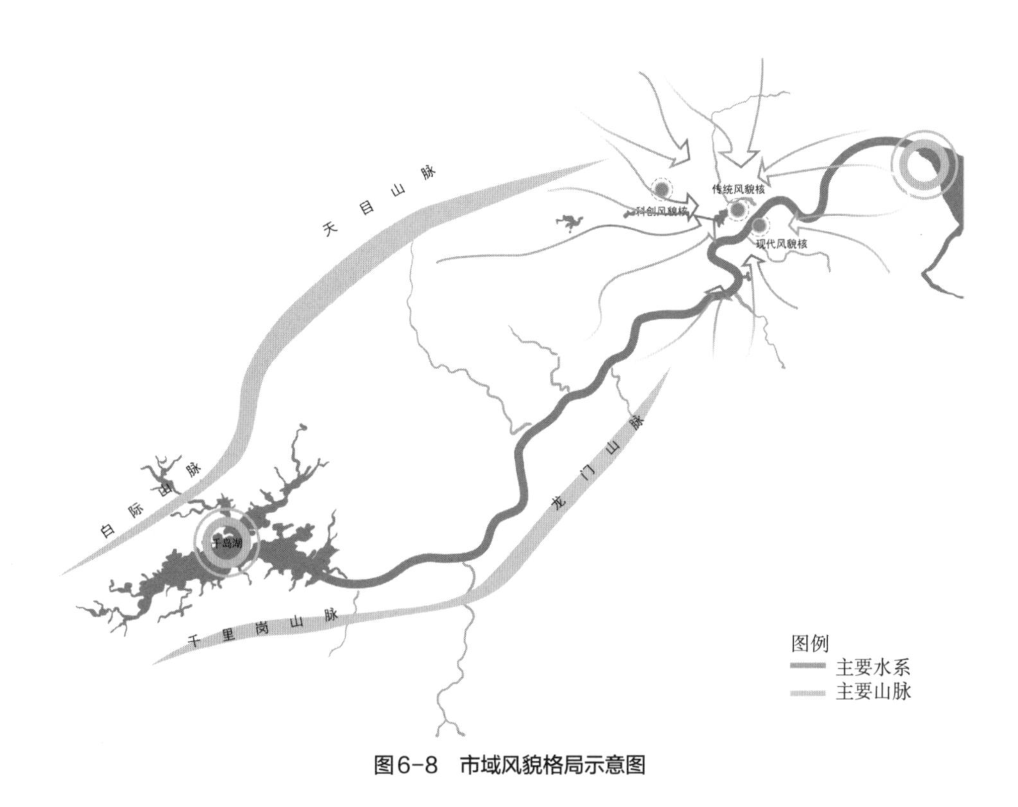

图6-8 市域风貌格局示意图

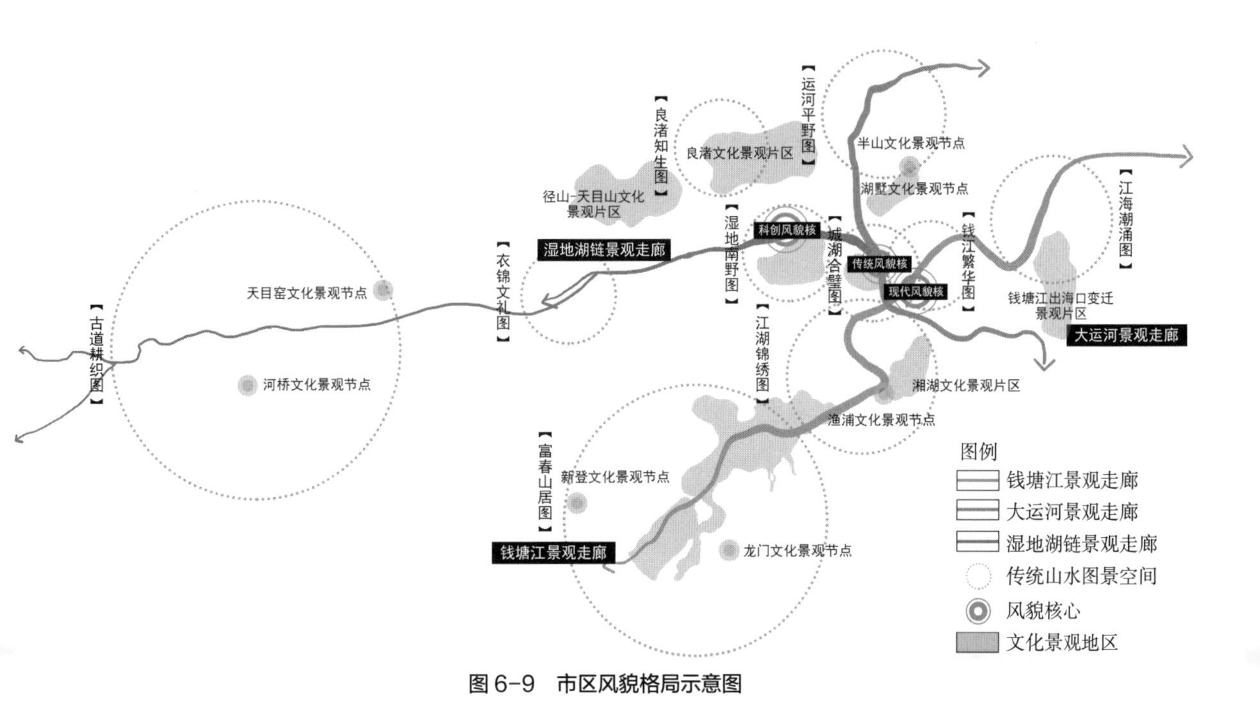

图6-9 市区风貌格局示意图

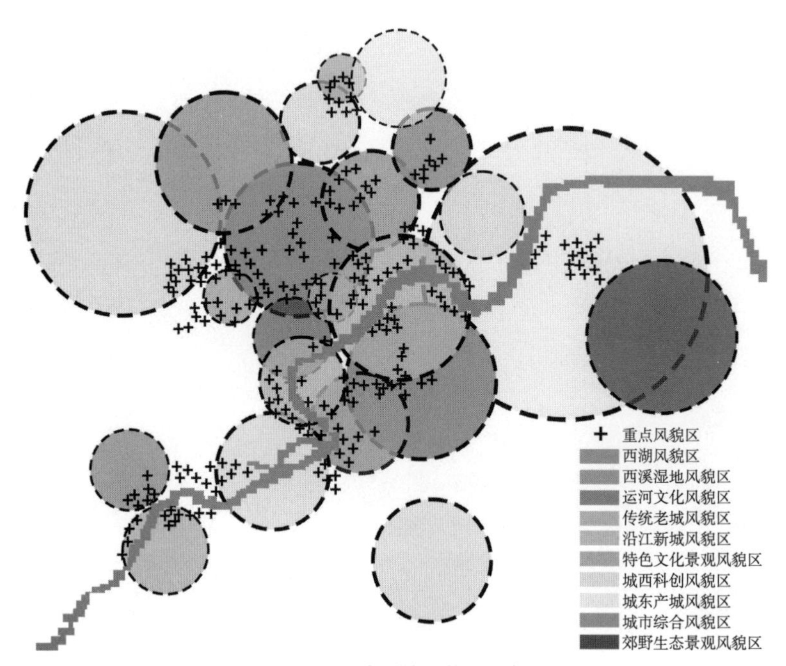

图 6-10 重点风貌区范围示意图

3. 构建关键景观轴线

依托景观河道、关键景观视廊、特色商业街、自然景观街道等，构建线状景观控制带。在景观轴线上广泛种植乡土植物，配置涵盖不同季节的花卉树木，形成丰富多彩的季相景观。精心塑造弯道、桥梁、立交和交叉口等重要节点的建筑细节与空间品质，着力提升景观吸引力。加强景观轴线两侧的建筑方案审查，详细规定道路断面、界面连接、街道墙高度、建筑高度、整体规模和设计风格等。

6.2.3 挖掘特色，提升人居环境品质

立足市域和市区景观风貌及空间秩序格局，提出城区建筑高度与强度分区管控条件，营造文化特色场景，构建大尺度生态廊道、通风廊道、眺望廊道，强化城市微空间营造和慢行网络的连通性，着力体现“江南韵”和“杭州味”（图 6-11）。

1. 建筑高度分级控制

将城市开发边界内的建筑按高度划分为控制区、发展区以及协调区三个管控级别。其中，控制区主要包括历史文化保护区及重要文物单位周边等特殊区域，实行高度严格

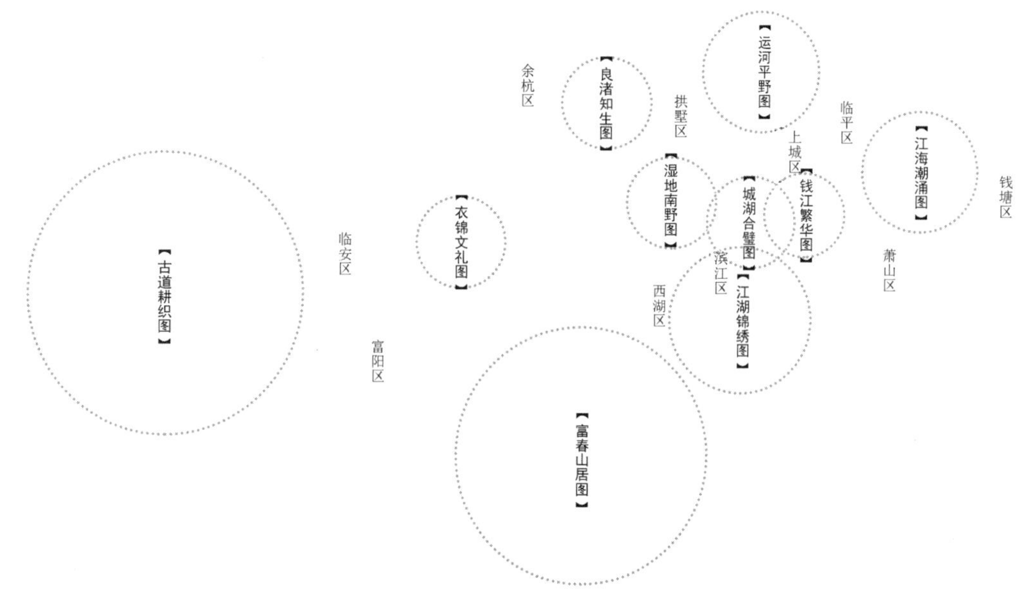

图6-11　城市特色场景总体格局示意图

管控；发展区在确保高度控制需求得到满足的基础上，鼓励设置高层簇群，引导塑造具有独特风格的天际轮廓线；协调区则以协调城市的总体空间布局和景观秩序为主要功能（图6-12）。

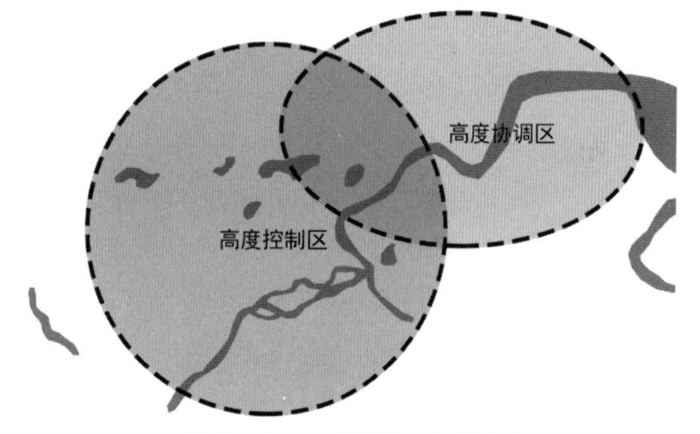

图6-12　高度控制分级示意图

2. 建立生态廊道和风道

综合考虑城市外围的生态控制区、周边的山脉水系、湿地公园、高速公路、铁路，以及城市内部的河流、公园、铁路和城市快速道路等，构建了外宽内窄、有机连接的环形加放射状生态网络，结合设置涵盖一级通风廊道、二级通风廊道和空气引导通道的三级通风廊道体系，形塑城市开敞空间形态。

3. 设计景观眺望系统

构建望山、望水、望城廊道，对区域内的绿化植被、建筑界限、贴线及街道高宽比进行严格控制，持续优化城市景观眺望系统，提升城市辨识度和空间吸引力。强化山体眺望廊道塑造，确保从远眺点到对望山体的山脊线清晰完整，对其前景建筑的透视高度进行严格控制，确保其不超过低谷段山脊线高度的 80%；加强从山体俯瞰水岸线的视廊空间管控，保护从吴山、浮山、狮子山等山体到钱塘江、上塘河、运河等水体之间的视觉廊道，确保清晰呈现山水交融的典型特征；加强山体和建筑制高点的望城廊道视线管控，对西湖文化广场、宝石山、北高峰和半山的钱江新城高层集群的视线通道实行精确控制，确保清晰呈现城市标识。

6.2.4 全域协调，确立风貌管控体系

构建“点、线、面”的城市风貌要素管控体系，以西湖、良渚、大运河三大世界文化遗产为核心景观区域，以钱塘江、铁路、古道等线状空间和临山、滨水等重要界面为关键线索，以城市重要公共空间、商业中心等为节点，提出风貌特色、建筑形态、城市色彩等方面的管控指导要求，以充分展示“整体大美，浙派气质，杭派意向”（图 6-13）。

1. 近山地带风貌管控

杭州城区西侧被连绵的山脉所包围，而东侧则相对较为开阔。从地理位置上看，山体与城市的空间关系划分为城环山、城依山和城靠山这三种模式。针对不同的山城

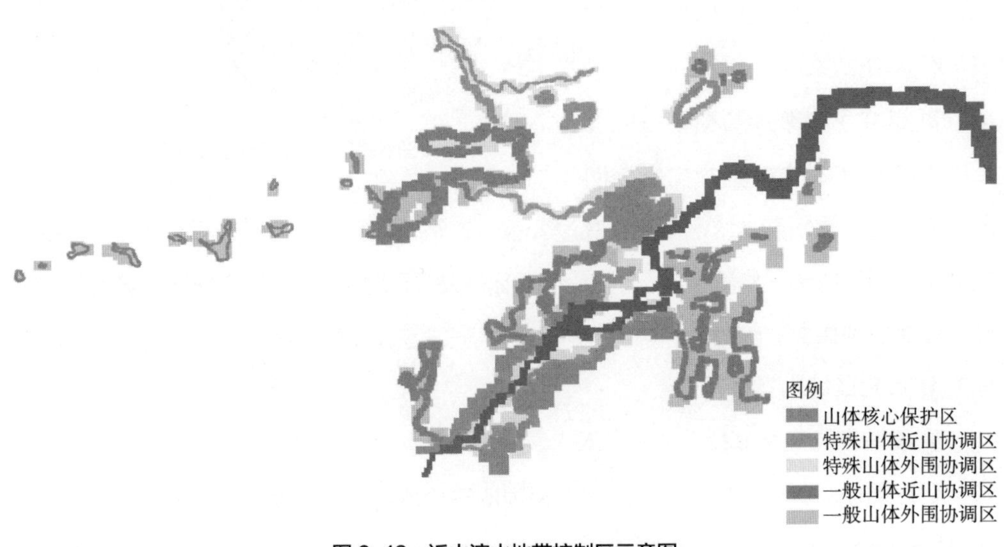

图 6-13　近山滨水地带控制区示意图

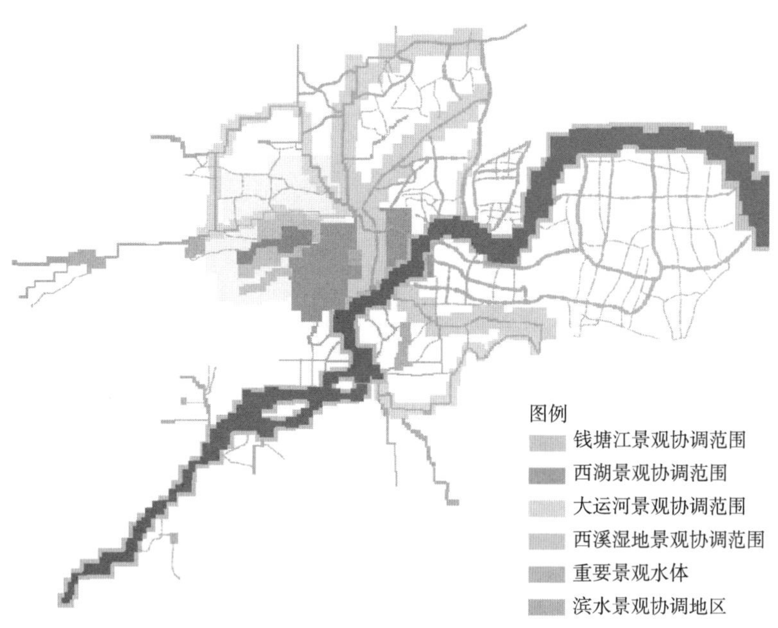

图 6-14 近山区域的管控范围示意图

关系、山体特征，分别划定山体的保护核心区、近山协调区以及外围影响区，以此指导城市风貌设计（图 6-14）。

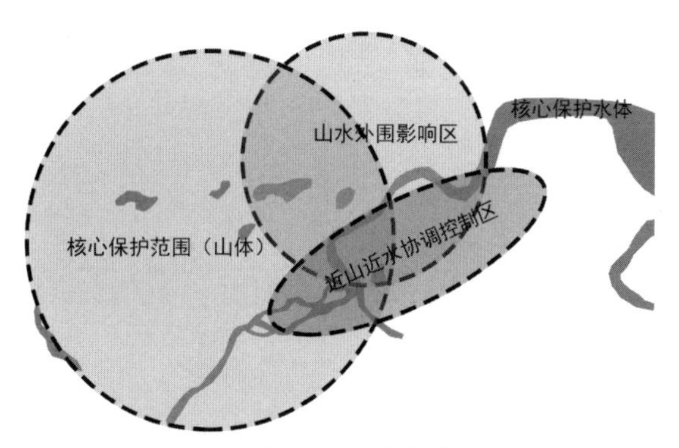

图 6-15 滨水区域的管控范围示意图

2. 滨水地带风貌管控

杭州河湖密布、水系纵横，水是城市最为关键的景观要素与文化标识。依据水体的功能定位、历史文化背景和空间尺度等多方面的特征，将滨水地带划分为历史特色型、景观主导型、一般型三种景观控制类型，分别制定滨水地带风貌保护和空间协调管制政策（图 6-15）。

3. 历史区域风貌管控

赓续城市历史文脉与文化景观格局，划定历史风貌特色保护区，精心保护与塑造传统街道延伸线上的视觉景观特征，加强周边建筑、街区的风貌管控，确保其与历史街区、历史建筑的特色风格相一致（图 6-16）。

4. 街道空间风貌管控

街道空间是连接城市功能板块、承载城市公共活动、展示城市风貌特色的关键线性空间，综合考虑街道交通的组织特点和等级、街道的形态、使用者、沿街建筑的使用功能和街道景观等多重因素，将街道划分为城市型、景观型和传统型三种类型，分别制定风貌保护和空间协调管制政策。

图 6-16　历史风貌特色保护区示意图

6.2.5　导控一体，完善城市治理网络

明确总体规划尺度山水城乡空间规划管控策略的传导实施路径，通过链接城市大脑智慧平台、划分重点地区、落实底线管控、编制风貌导则、强化公众参与等手段，以增强整体城市规划设计的可实施性①。

6.3　中心城区层面，以江山中心城区为例

根据《国土空间规划城市设计指南》，在中心城区层面运用城市设计方法，整体统筹、协调各类空间资源的布局与利用，合理组织开放空间体系与特色景观风貌系统，提升城市空间品质与活力，分区分级提出城市形态导控要求。

（1）确立城市空间特色。细化落实宏观规划中关于城市特色的相关要求，明确自然环境、历史人文等特色内容在城市空间中的落位。对城市中心、空间轴带和功能布局等

---

① 毕书卉，黄文柳，杨毅栋 . 城市风貌景观管控体系的探索与实践：以杭州总体城市设计为例 [J]. 上海城市规划，2018（5）：41-46.

内容分别进行梳理，确定城市特色空间结构并提出城市功能布局优化建议，对城市特色空间提出结构性导控要求。

（2）提出空间秩序的框架。明确重要视线廊道及其导控要求，对城市高度、街区尺度、城市天际线、城市色彩等内容进行有序组织，并提出结构性导控要求。

（3）明确开放空间与设施品质提升措施。组织多层级、多类型的开放空间体系及其联系脉络，提出拟采取的规划政策和管控措施，提升公共服务设施及市政基础设施的集约复合性与美观实用性。

（4）划定城市设计重点控制区。根据城市空间结构、特色风貌等影响因素，划定城市设计一般控制区和重点控制区。在有条件的市、县中心城区可对重点控制区作进一步精细化设计[①]。

下面以江山为例，分析中心城区尺度上的山水城乡空间规划探索。

江山市位于浙江省的西南部山区，是钱塘江上游的发源地，其中心城区坐落在市域中北部的低山丘陵地带，城区东南和西北方的群山隔江相望，形成了“两山夹江”的独特山水景观（图 6-17）。

规划遵循可持续发展的核心理念，充分尊重江山中心城区的自然生态基础，严格保护山水自然肌理，建立“山—水—城”有机联系网络，植入多元化复合的公共活动空间，构建与山水形态相适应的慢行交通体系，营造舒适、宜居的城市氛围，助推人与自然和谐共生。

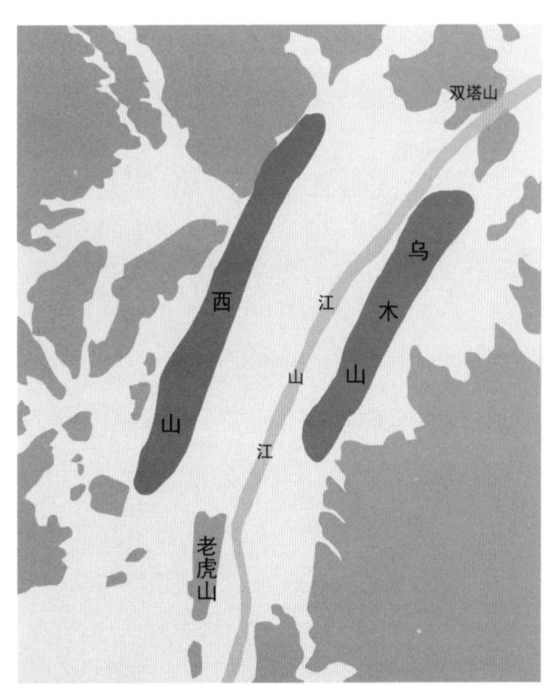

图 6-17　江山“两山夹江”示意图

① 中华人民共和国自然资源部 . 国土空间规划城市设计指南：TD/T 1065—2021[S]. [出版地不详]：[出版者不详]，2021.

6.3.1 以生态为基底

1. 打造生态绿廊

对于自然山脉实行严格保护，禁止山体开采，对于已破坏的山体，立即开展修复绿化工作，以恢复山林生态环境，提升森林生态调节功能。充分依托现状自然山体基底，规划西山生态走廊、双塔山—乌木山生态走廊、老虎山生态走廊、湿地公园生态走廊四条大型生态走廊，调整沿线土地功能用途，确保生态走廊宽度不低于100m。强化生态走廊的连贯性及其与外围生态区的连通性，将生态走廊自西、东北、中、南四个方向分别楔入中心城区，营造绿意盎然的森林城市氛围。在城区外围沿黄衢南高速、315 省道和 2 号公路规划建设环城生态林带，内外呼应优化城区整体生态格局（图 6−18）。

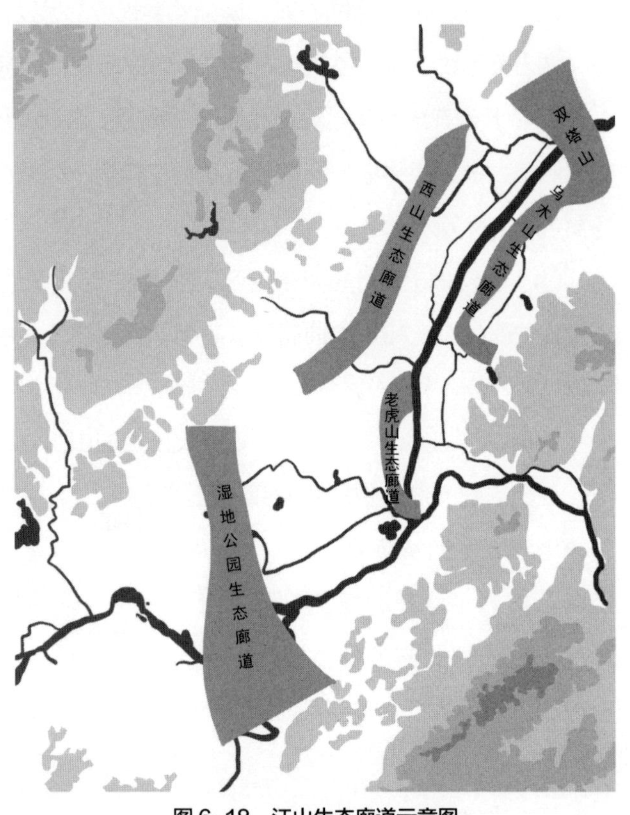

图 6−18　江山生态廊道示意图

2. 打造水网蓝脉

对现有小型水系进行扩展、连接和疏浚，确保河道宽度不低于 10m，使各条小型水系能相互连接，并与江山江相贯通。在城北、城南和城东新城区的建设过程中，增设部分水系（如达岭溪、七里溪、清湖渠等）和景观湖，以满足城区泄洪防涝及市民休闲娱乐需求。着力城市河网水系的生态环境质量，通过建立湿地公园、改造生态驳岸、种植水生植物等手段，促进水生态群落的健康发展，提升水体自净功能，构建绿色、贯通、安全、活力的城市蓝脉环境。

6.3.2 以景观为核心

1. 建立城市景观框架

提取江山自然与人文资源特色，确立“一江、两岸、四塔、四山”的中心城区景观框架。其中，“一江”代表“江山江”，“两岸”代表江山江两岸的城市核心景观界面，“四塔”分别为老虎山的景星塔、城北江山江两侧的百祜和凝秀双塔、城南江东计划新建的清湖塔，“四山”分别为城西的西山、城东的乌木山、城南的老虎山和城北的双塔山（图6–19）。

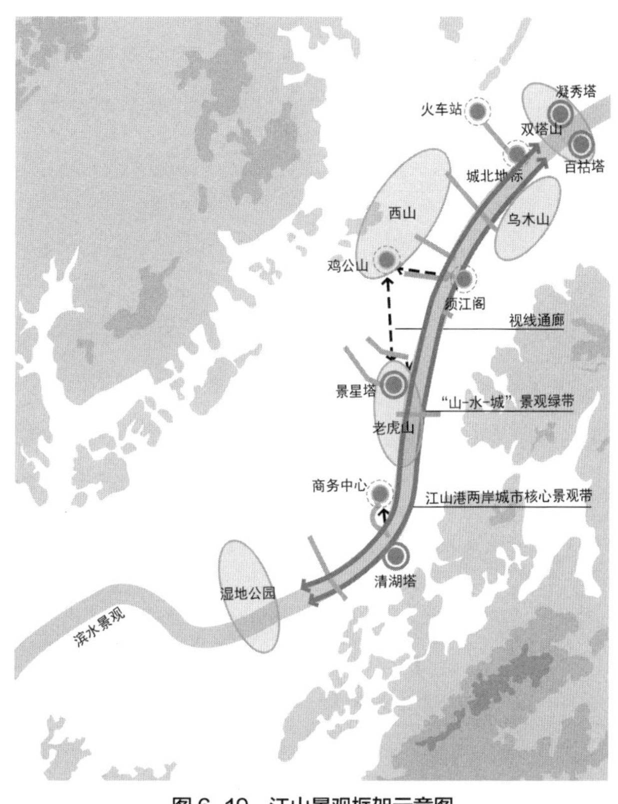

图6–19 江山景观框架示意图

2. 优化整体视觉体验

强化江山“两山夹江”的轴向城市格局，通过对山脉、水域与城市间界面的优化处理，提升城市的视觉体验与游览价值。其中，山体界面优化集中于沿江两侧的迎山区域，通过创造丰富多样的林相景观、合理种植观赏性植物和彩叶植物，营造出色彩丰富、景色优美的山地森林景观；水体界面优化以提升水域的广阔感与清澈度为目标，规划在城南区段新建堤坝，以增加城南江段的水域面积，营造江水连绵不断的视觉景观，同时通过沿江地区的生态整治，打造“蓝天、青山、绿水”相掩映的自然景观；城市界面优化遵循“显山露水”原则，老城区与西山紧密相连，建筑以风貌保持为主，严格控制高层建筑高度，城北、城南的沿江区域由于距离山体较远，可集中建设高层建筑群，以展示新城风貌并丰富沿江天际线，江东地区以低层、多层建筑为主，而靠近山脉的区域则应根据山势进行建筑布局，使点点红顶建筑点缀、交融于青山绿水间。

3. 打造景观视线通廊

依托四塔四山等主要的景观节点，规划 6 条景观视线通道，分别是：黄衢南高速至双塔再至城北新区行政文化中心的景观视线通廊，火车站至乌木山的景观视线通廊，西山电视塔至须江阁的景观视线通廊，西山电视塔至景星塔的景观视线通廊，须江阁至景星塔的景观视线通廊，以及城南新区商务中心至清湖塔的景观视线通廊。六条景观视线通廊中，需对建筑高度、建筑立面等进行严格管控，以确保各个观景点之间的视线畅通无阻、和谐美观。

4. 建设城市景观绿带

依托城市河道水系、生态廊道、主要道路等，建设 10 条城市景观绿带，以确立“山—水—城”空间秩序与联动关系，并为山水景观提供更多展示空间。其中，水系沿线的景观绿带宽度应不小于 15m，道路绿化带沿线的景观绿带宽度应不小于 10m，江山的江核心景观绿带宽度应不小于 50m。同时，根据城市空间格局与景观特色，赋予绿带不同主题功能，包括展示新城风貌、展示老城文化、游乐体验、生态休闲等。

6.3.3 以场所为焦点

1. 打造山地公园体系

为提升自然山体的可游性和吸引力，在现有山体的基础上建设主题公园和休闲街区，包括以健身养心和运动休闲为主题的西山公园，以旅游休闲和军事游乐为主题的老虎山公园，以植物观光和休闲娱乐为主题的乌木山公园，以及以人文观光和文体活动为主题的双塔山公园。各主题公园的布局设计应注重与自然山体相融合，保留原生植被，营造出丰富多样的自然景观。同时，在山地公园和休闲街区之间，规划设计便捷的步行和骑行道路，使游客和市民能够轻松地穿行于各个景点和商业区。

2. 打造滨水公共空间

为提升江山江岸线的开放性和与亲水性，在现有沿江绿带的关键节点建设须江公园、城南中心公园、湿地公园、站前大道滨江广场、城中路滨江公园广场，打造珠串式滨水公共空间，将清新的滨水风光引入市区。滨水公共空间在有条件的前提下，可采用亲水的退台式设计，将自然和人工堤岸相结合，创造丰富的亲水活动空间（图 6-20）。

山林主题公园示意

西山休闲街设计方案

滨水公共空间示意

沿江亲水平台示意

图6-20　江山多样化公共空间打造

6.3.4　以路网为支撑

1. 建立便捷的公共交通网络

确立以“两横两竖”为主要框架的新城快线体系方案和组团快线网布局方案，在带形城市中心的纵轴鹿溪路沿线建设快速公共交通（BRT）走廊，在带形城市的两侧边缘建设快速交通通道，以支持带形城市的纵向交通。

2. 打造宜人的慢行交通网络

基于水系和道路构建横向慢行交通网络，通过断面改造、单向交通组织等手段，构建由“两大滨水慢行带、十一条城市道路慢行线、六大景观慢行区”组成的慢行交通网络，连接城市的重要节点与景点，大大提升城市山水片区的交通可达性，打造宜行、宜游的山水城区①（图6-21）。

① 张如林，邢仲余. 基于山水要素的城市特色塑造研究：以江山市城市总体规划为例[J]. 上海城市规划，2013（1）：100-105.

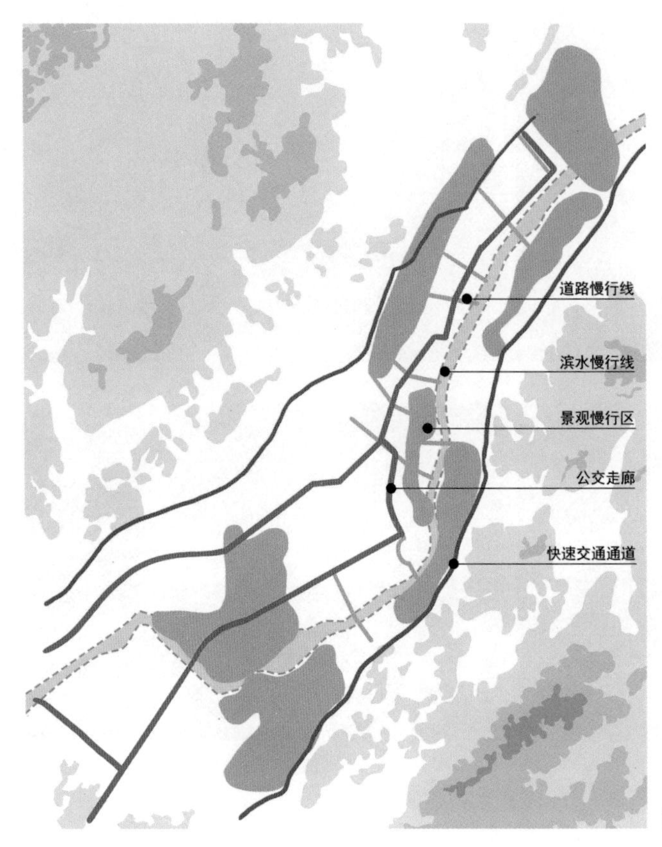

图 6-21 江山交通网络规划示意图

6.4 重点地区：以杭州之江新城为例

下面以杭州之江新城为例，分析重点地区尺度上山水城乡空间规划探索。

6.4.1 明确山水空间秩序

1. 确立区域发展方向

延续杭州城市总体空间纹理，提取区域内“三面云山，一江拥城”的自然山水纹理，与区域内的道路骨架、建设空间、绿化廊道等城市纹理有机交融，最终确立“由绿入蓝、凌山探海”的区域发展方向与山水轴线（图 6-22）。

2. 打造综合山水景观

详细梳理新城及其周围地区的土地利用现状，对照国土空间“三区三线”管控要求，结合城市轴线的确定和功能的整体布局，明确滨水区、近山区和远山区三类不同空间，开展差异性的建设管控与景观营造。其中，滨水区因其丰富的自然风光和开放的公共区域而被视为城市建设的焦点，规划中将在区域增设各类服务休闲设施，提升区域活力；近山区因其地理位置靠近山脉，肩负着生态保护的责任，侧重在环境保护的基础上适度开发自然资源，融入文化旅游等多种功能，打造独特的功能性空间；远山区位于滨水区和近山区之间，是人口和产业高度集中的区域，需促进生态空间、生产空间和生活空间的有机融合与高质量发展（图6-23）。

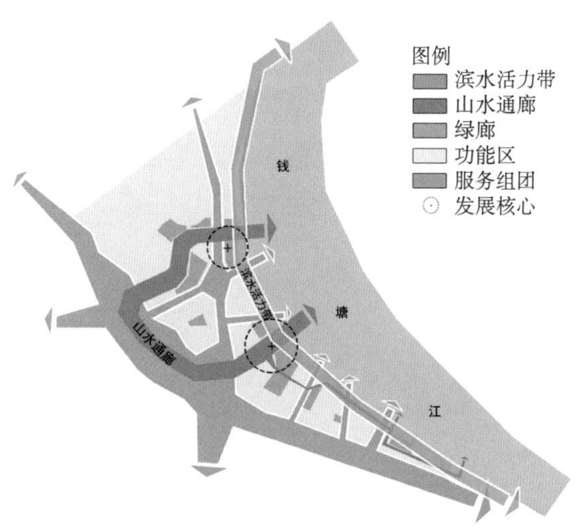

图6-22 之江新城“由绿入蓝、凌山探海”的山水轴线示意图

3. 构建视觉走廊体系

充分考虑区域内自然景观的高低变化，在山峰、水流交汇处和公园广场等开放空间中，精心构建视觉节点，并通过对景、借景等手法运用，使各视觉节点间相互呼应，形

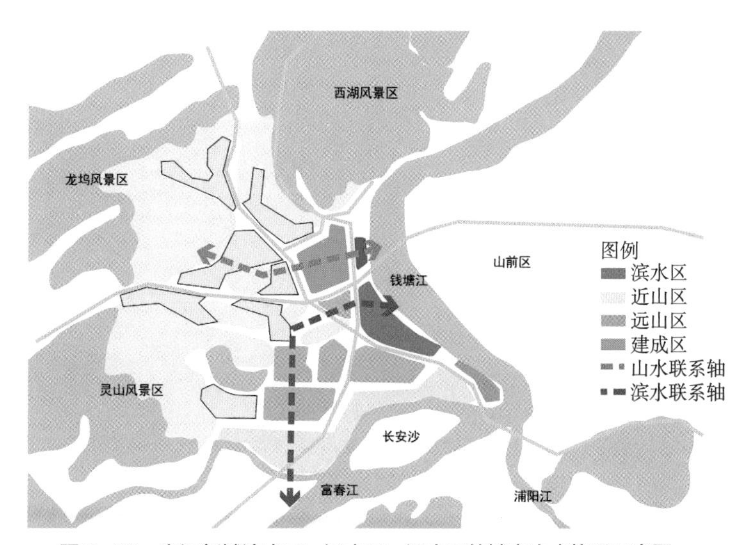

图6-23 之江新城滨水区、近山区、远山区的城市山水格局示意图

成“山、水、城”视觉走廊体系。具体设计中，以灵山作为制高点来控制城市道路走向，从制高点出发连通城市主要景观节点，构建 6 条主要视线通道，将山区美景融入到城市之中；进一步以区域内的两座高层塔楼为观测点，链接滨水公共开放空间形成次要视线通道，以此为依据控制沿线建筑高度，构建“由城入水”的视觉体验（图 6-24）。

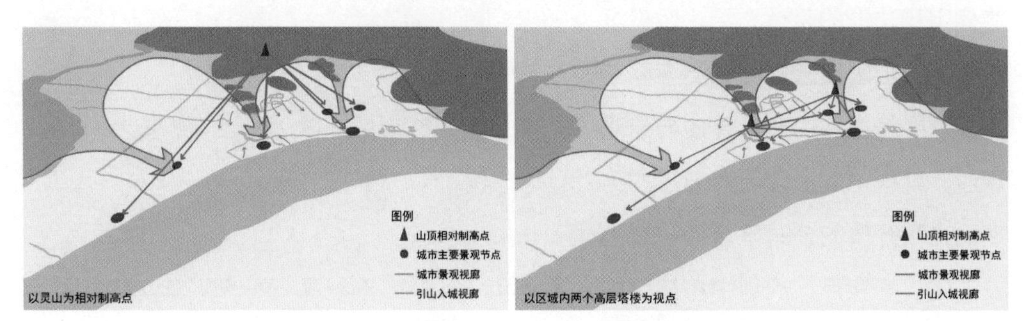

图 6-24　之江新城“山、水、城”视廊体系示意图

6.4.2　突出功能区块联系

1. 构建主题旅游线路

通过精心设计的主题游线，整合和连接不同区域的分散资源，串联展示各区域中最具代表性的景观节点，提升区域整体旅游形象。构建主题游线时，主要根据各类人群的特定需求，以关键的兴趣点作为导向进行节点的配置。之江新城规划中主要设置了三条游线，一是生态休闲游线，以旅游景点、公共活动中心和特色小镇为兴趣点，推动封闭景区向全域山水生态休闲空间转变；二是文化创意游线，以艺术村落、艺术学院和创意园区等为兴趣点，以文创产品展示和体验活动为主；三是创新创业游线，以创业园区、科研机构和产业小镇等为兴趣点，强化产业链的有机联系与人才的交流互促（图 6-25）。

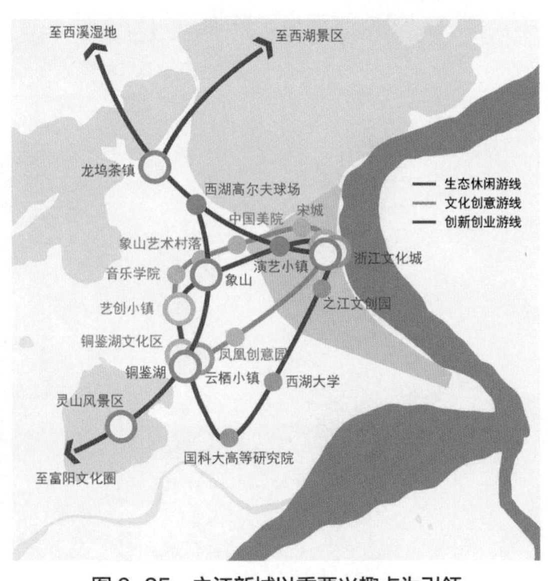

图 6-25　之江新城以重要兴趣点为引领打造主题游线示意图

2. 构建绿环公交线路

将绿色走廊和公共交通路线有机结合，设计绿色的公交环线，强化人流、信息、资金、商品等关键要素在不同区块间的快速流动，创造自然与人造景观完美结合的绿色公共区域。构建绿环公交线路时，首先从主要山水和道路骨架中提取绿色廊道，串联自然景观，提升区域综合景观和生态价值。进而依托绿廊设计公共交通环线，使其充分链接城市重要居住板块、公共活动中心等，增强各区块之间的联系和沟通效率（图 6-26）。

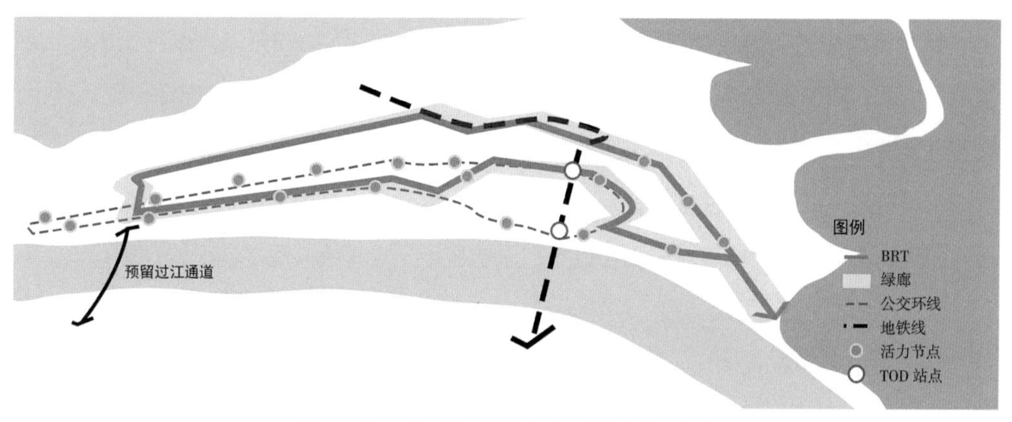

图6-26 之江新城绿环公交系统规划示意图

3. 构建滨水空间网络

以江南水乡密集的内河水网为基础，延续“千米一水，百米一景”的空间设计理念，将区域内河的主要水系编织成水网系统，强调了水与城市生活的紧密联系，构建了一个从城市中心到社区，再到组团的滨水开放空间网络，以水为脉强化城市各功能区之间的紧密联系。

6.4.3 打造活力开放空间

1. 打造“社区生活圈”

通过精心设计的步行系统，形成以“10min 生活圈、30min 组团”为特色的街区尺度。在 10min 生活圈的步行范围内，重点配置社区公共设施、公交站等，以促进社区资源共享，增强居民对社区的归属感；在 30min 组团的步行距离内，重点配置城市公共服务设施，以促进城市资源有效共享。

2. 设计滨水休闲活力带

强化岸线亲水空间塑造，打造具有趣味性的岸线空间节点，以水为脉串联区域内三大主题公共开放空间，设计文化水岸艺术、时尚水岸娱乐、特色风情三大主题，打造24小时城市休闲活力带，以满足人们亲近自然、社交互动、愉悦身心等需求。

6.4.4 树立城市形象标识

1. 与山水景观风格相协调

在城市的山水布局设计过程中，标志性的建筑物或构筑物的布局需要与山水的自然景观相协调，其位置的选择和场地的处理也应与山脉的轮廓和水系的走向相一致。其中，高层远景性标志建（构）筑物的高度选择和位置布置，需要与山脉的高低起伏相协调，以形成对景关系；低层近景性标志建筑物和构筑物，需要与水脉景观进行全面融合，并在选址方面优先考虑过江大桥等城市入口位置，以便在第一时间给人留下明确的视觉印象。

2. 与地方文化认同相契合

标志性的建筑物代表了一个地区的形象，体现了人们对于城市深厚的归属感和认同感。在设计标志性建筑或构筑物时，应选用当地的建筑材料，并与当地的传统建筑结构相结合，以突出地方建筑的独特性和传统文化价值①（图6-27）。

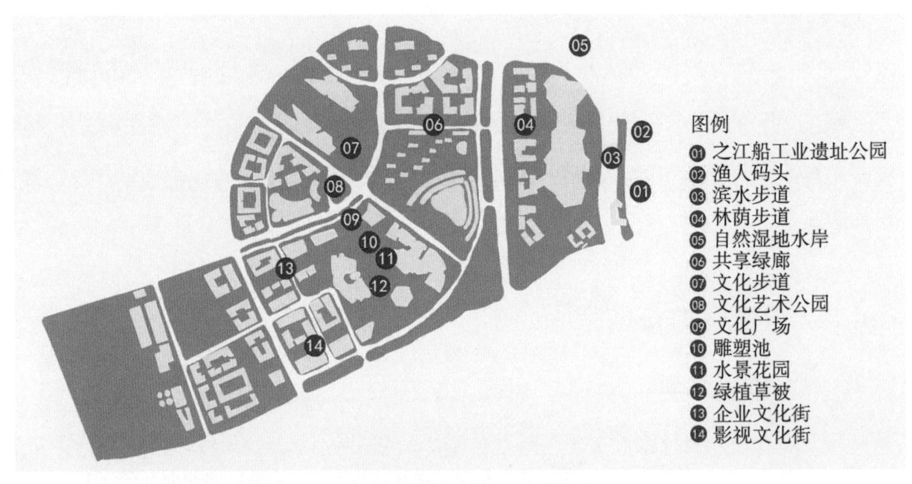

图6-27 之江新城的标志性建筑群平面布局规划

① 杨斌，张章杰，周宗雷，等. 现代城市语境下的城市山水格局营造策略探析：以杭州市之江新城概念性城市设计为例[J]. 规划师，2021，37（13）：31-36.

7

国土空间详细规划中的长三角山水城乡空间规划探索

7.1 控制性详细规划中的山水城乡空间控制要点

7.1.1 城市一般片区

根据《国土空间规划城市设计指南》，城市一般片区应落实总体规划中的各项设计要求，通过三维形态模拟等方式，进一步统筹优化片区的功能布局和空间结构，明确景观风貌、公共空间、建筑形态等方面的设计要求，营造健康、舒适、便利的人居环境。

（1）打造人性化的公共空间。结合自然山水、历史人文、公共设施等资源，优化片区公共空间系统，明确广场、公园绿地、滨水空间等重要开敞空间的位置、范围和设计要求。重点组织慢行系统、游览线路等公共活动通道，打造开放舒适、生态宜人的行为场所体系。

（2）营造清晰有序的空间秩序。合理确定地块建筑高度、密度和开发强度，对重要地块进行细化控制引导。组织建筑群落关系，强化空间艺术性，形成建筑群体的整体特征，谨慎处理高层高密度住宅与新建超高层建筑的外部空间形态组织。对重要街道的沿街立面、建筑退线、底层功能与形态、立面与檐口等提出较为详细的导控要求①。

7.1.2 重点控制区

根据《国土空间规划城市设计指南》，重点控制区是影响城市风貌的重点区域，应在满足城市一般片区设计要求的基础上，更加关注其特殊条件和核心问题，通过精细化设计手段，打造具有更高品质的城市地区。结合不同片区功能提出建筑体量、界面、风格、色彩、第五立面、天际线等要素的设计原则，塑造凸显地域特色的城市风貌；从人的体验和需求出发，深化研究各类公共空间的规模尺度与空间形态，营造以人为本、充满魅力的景观环境。兼具多种特殊条件的重点控制区，应统筹考虑各类设计导控要求，

① 中华人民共和国自然资源部．国土空间规划城市设计指南：TD/T 1065—2021[S]. [出版地不详]：[出版者不详]，2021.

采用协同式方法，实现综合价值的最优化。

（1）对城市结构框架有重要影响作用的区域。如城市门户、城市中心区、重要轴线、节点等。建立与城市整体框架相衔接的空间结构与形态；在设施布局、公共空间、路网密度、街道尺度、建筑高度、开发强度等方面进行详细设计，使空间秩序与区位特征相匹配。

城市中心区。以紧凑高效发展、提升公共活力、彰显空间特色为主要设计目标。明确中心区的职能定位，鼓励功能混合与空间高效紧凑利用。构建以人为本、富有特色的公共空间系统。加强建筑高度、形体和界面的设计引导，鼓励建筑底层与街道空间的互动。建立功能与交通组织的有机联系，充分利用地下空间进行建设。

（2）具有特殊重要属性的功能片区。如交通枢纽区、商务中心区、产业园区核心区、教育园区等。强化与周边组团的区域联动，合理进行业态布局引导；强调土地的多元组合、高效使用、弹性预留；注重核心区域公共空间系统建设和场所营造，鼓励地上地下综合开发、一体化设计；加强对外交通与片区内部交通的接驳和流线的组织。其中：

交通枢纽区。以提升换乘效率、促进站城融合、提升城市形象为主要设计目标。提倡公交与步行优先，整合地上地下空间，合理组织交通流线和换乘设施。紧凑布局枢纽周边的街区和建筑群体，鼓励功能混合和空间复合利用。对枢纽建筑单体、站前空间界面、视线通廊等提出控制引导要求。

商务中心区。以紧凑高效发展、提升公共活力、彰显空间特色为主要设计目标。科学确定开发建设容量，实现空间高效紧凑利用，为未来发展预留弹性，鼓励功能与业态混合。构建多基面公共空间系统和立体交通网络，构建连续、便捷的慢行系统。落实建筑高度细分，明确塔楼等标志性建筑物布局，强化重要城市界面塑造，设置景观节点与公共艺术。

产业园区核心区。以引领带动产业园区高品质开发为主要设计目标。尊重自然生态本底，注重空间布局与自然生态的有机融合。充分对接产业发展和人的诉求，优化产业空间布局，营造便于交往的公共空间。明确特色空间结构，优化公共空间体系，提出整体高度控制分区。充分挖掘地域自然环境、历史人文特色，加强对城市风貌的设计指引，注重重要界面、标志性景观的塑造。

（3）城市重要开敞空间。如山前地区、滨水地区、重要公园与广场、生态廊道等。优先识别和保护特色自然资源，延续特色景观风貌的本土原真性；保护延续空间整体格局，营造适宜的空间肌理、建构筑物尺度与形态；通过对特色要素与重要界面的塑造，提升开敞空间活力，营造富有特色、充满魅力的景观风貌。其中：

山前地区。以保护自然山体、合理利用景观资源为主要设计目标。山前地区宜采用有机松散、分片集中的布局，同时进行水平和垂直的双向建设管控。强调建筑天际轮廓线与山脊线的协调、慢行风景道与沿山开敞空间的融合，形成丰富多样、步移景异的山地景观序列。

滨水地区。以塑造特色滨水空间、提升空间活力为主要设计目标。空间布局和场地设计宜减少对水岸、山地、植被等原生地形地貌的破坏。合理布局各类设施，提升滨水地区活力。重点对滨水建筑界面、高度、公共空间、视线通廊等提出导控要求，实现城市空间与滨水景观的融合、渗透。

（4）城市重要历史文化区域。如历史风貌与文化遗产保护区、传统历史街区、老城复兴区、工业遗产等。细化梳理各类历史文化资源特征，延续城市文脉；加强对周边控制地带的建设高度、建筑风貌的设计导控，形成良好的文化衔接，防止大拆大建。其中：

历史风貌与文化遗产保护区。以传承文脉、激发活力、有机更新为主要设计目标。严格遵循保护规划的要求，深入挖掘历史内涵，加强整体格局的保护及历史资源的活化、展示与体验，提升片区活力。鼓励建筑风格的新旧和谐对话，明确新建和改扩建的建（构）筑物的高度、体量、肌理、风格、色彩、材质等具体控制引导要求，建立设计负面清单。

老城复兴区。以重塑活力、改善民生为主要设计目标。深入挖掘旧城特色资源，突出地方文化特色。注重整体空间格局的保护以及存量低效用地的更新带动，焕发地区活力。织补旧城公共空间网络，通过渐进式的更新改造，实现旧城空间品质的整体提升[①]。

---

① 中华人民共和国自然资源部．国土空间规划城市设计指南：TD/T 1065—2021[S].[出版地不详]:[出版者不详]，2021.

7.2 控制性详细规划中的山水城乡空间控制方法

综合梳理我国控制性详细规划中的主要控制内容，包括土地用途、开发强度、环境容量、建筑建造、设施配套、道路交通、蓝绿空间、四线控制、设计指引等板块，在管控中涉及指标分解法、功能细化法、底线落位法、形态指引法四种控制路径（表7-1）。

控制性详细规划中的主要控制内容梳理　表7-1

分类	控制内容	控制路径
土地用途	功能布局、用地结构、用地边界、用地面积、用地性质、土地兼容性等	功能细化法
开发强度	强度分区（规划单元）、容积率（地块）、地下空间利用等	指标分解法
环境容量	人口控制规模、建设用地控制规模、建筑密度、居住人口密度、绿地率等	指标分解法
建筑建造	建筑退线、建筑面积、建筑限高、建筑层数、建筑控制线和贴线率等	指标分解法 + 形态指引法
设施配套	市政公用设施，公共服务设施，公共安全设施三大设施	指标分解法 + 底线落位法
道路交通	道路红线、禁止开口路线、地块机动车出入口控制、配建停车位、社会公共停车位、公交站点、加油站等	指标分解法 + 底线落位法
蓝绿空间	景观系统、绿地系统、河流水系等	底线落位法
四线控制	绿线、蓝线、黄线、紫线	底线落位法
设计指引	公共开放空间、视廊与视线、建筑体量、建筑形式、建筑色彩、空间围合关系等	形态指引法

7.2.1 核心指标分解：由全域到地块的逐级下解

控制性详细规划中的指标管控涉及开发强度、环境容量、建筑建造容量、设施配置规模等多个方面，其中最核心的“土地发展权”调控指标为开发强度（在地块尺度为容积率），其他指标管控都可间接转化为对开发强度的调控。我国现行控制性详细规划制度中，对开发强度指标的分解遵循从全域到片区到单元到地块自上而下的指标逐级推演与从地块出发的自下而上的指标逐级匡算相校核的逻辑，具体呈现为“宏观强度定级—中观分类定准—微观地块定量”的技术路径。

（1）宏观强度定级，依中心性和限制性分区。我国控制性详细规划中宏观强度定级主要常用三种思路，综合区位法、总规分解法和主导因素法，其中综合区位法是最核心的方法论，总规分解法和主导因素法都可以看作其变体。服务区位因子、交通区位因子和环境区位因子是进行宏观层面强度分区综合区位评价时最关键的三大要素。服务区位因子优先考虑城市公共中心体系布局，并参考重要公共服务设施的等级和空间布局，开发强度配置随中心性的降低逐级递减；交通区位因子优先考虑轨道交通枢纽站点布局，例如上海将轨道交通站点的服务范围圈层作为主城区强度区划的核心因素，并在轨交站点 600m 范围内设定“特定强度区”政策，引导 TOD 模式下的集聚开发；环境区位因子主要考虑城市基底空间对开发强度的制约，广州、北京都将通风廊道、生态空间、历史文化保护区等空间划为专门的生态控制区或低强度开发区，深圳则将生态文化保护空间和重要基础设施走廊以复区的形式设置容积率适度降低的特别政策。

（2）中观分类定准，依功能组团差异化赋值。总量分配法与可接受强度法并行[①]是对各功能类型地块差异化赋值时的主要思路，一方面基于全市平衡、单元平衡、适度开发的规则提出开发强度的配赋参考值，另一方面基于环境容量限制与发展阈值进行上限管制。但两种“自上而下”和“自下而上”的方法分别存在配赋太小和上限过高的局限，因此学界普遍认可依用地性质进行多限制因素区间整合的容积率值域化方法[②]，限制因素通常包括土地性质、区位、出让价格、基础设施承载力等[③④]。在规划实践中，各地主要对居住类型用地和商业类型用地进行了相对细致的开发强度分级赋值，但尚未与具体商业业态或居住区类型相结合；对于工业仓储等用地则多基于土地经济性和环境容量提出强度的上下限控制，其内部开发强度细分主要以功能类型为依据（如研发总部、标准厂房等），而不以强度分区为依据；对于公益性用地通常不设置开发强度上限，主要以行业要求和实际需求进行引导，以提高设施服务能力。

（3）微观地块定量，依区位和特别意图修正。微观层面的地块强度定量主要考虑微观区位对基准容积率的修正以及特别意图项目对地块的容积率转移或奖励。基准容积率

---

① 李亚洲．理想蓝图与现实本底的平衡：广州市开发强度管控的若干思考 [C]// 中国城市规划学会，成都市人民政府．面向高质量发展的空间治理：2020 中国城市规划年会论文集：13 规划实施与管理．北京：中国建筑工业出版社，2021：1059-1067.

② 通过分析市场开发过程中容积率与相关经济要素之间的潜在规律，认为最佳（经济）容积率本身是一个区间值。

③ 梁鹤年．合理确定容积率的依据 [J]. 城市规划，1992（2）：58-60.

④ 邹德慈．容积率研究 [J]. 城市规划，1994（1）：19-23.

修正中，用地规模、交通区位、临街界面是主要考量因素。其中，地块强度控制随用地规模的增加而趋于严苛，而临街界面的增加和邻近轨道交通站点则会带来地块容量的上浮空间，微观地块强度指标定量修正的方法体现了当前主要城市控规编制中“小街区、密路网”和“TOD”模式的空间格局管控导向。特别意图修正中，城市更新、城市设计、公共贡献等是主要考量因素，例如上海对重点地区核心地块、轨道交通站点周边地块、风貌旧改地块等，深圳对城市更新、特定类型土地整备、城市设计重点地区、政策性住房用地等都设置了容积率调控的附加规则。在实际工作中，各地在最终确定地块容积率时，还会进行综合性研究论证和多方因素综合统筹，并基于已批准的控规和现状用地情况进行建设总量的逐级校核，保障方案的合规性与可行性[①]。

在山水城乡空间规划设计中，城市形态分区是影响核心指标分解的重要因素。国外形态准则的断面分区主要是依据从乡村至城市的形态过渡，将城市的形态划分为T1~T6 六个主要断面分区，并根据城市的具体情况和发展目标，将特定地区划分为更细致的形态分区。国内相关研究将国际的形态准则断面分区与山水城市中的山城关系、水城关系相结合，提出针对山水城乡空间的形态分区方法，为山水城市的整体强度管控提供了有效参考[②]（图 7-1、表 7-2）。

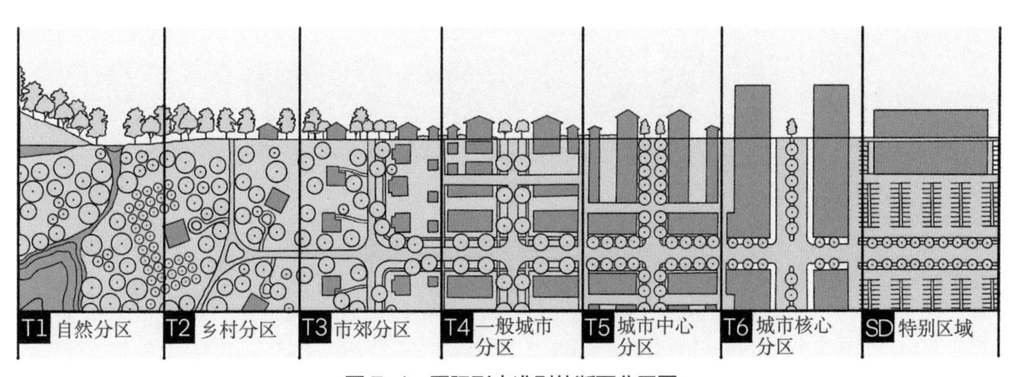

图 7-1 国际形态准则的断面分区图

① 李亚洲．理想蓝图与现实本底的平衡：广州市开发强度管控的若干思考 [C]// 中国城市规划学会，成都市人民政府．面向高质量发展的空间治理：2020 中国城市规划年会论文集：13 规划实施与管理．北京：中国建筑工业出版社，2021：1059-1067.

② 李珏．山水城市空间形态分区控制方法研究 [D]. 广州：华南理工大学，2012.

	形态准则分区	形态准则分区描述
T1	自然分区	由接近或者归属荒野的地带组成，包括由于地形、水文或植被条件而不适合居住的土地
T2	乡村分区	由拉于开敞或耕种状态或稀疏地居住的地带组成。这些土地包括林地、农业用地、草地，以及可灌输的荒地
T3	市郊分区	由低密度的市郊居住地带组成。按照住宅占有地而有所不同，自然种植的退让相对较深。街区也许较大，并且道路为适应自然条件而不规则布置
T4	一般城市分区	由混合用途但主要是居住城市肌理的地带组成。它拥有较广泛的建筑类型，如独栋、侧庭院和联排式住宅。退让和景观美化各不相同，有代表性的街道规定了中等尺度的街区
T5	城市中心分区	由较高密度混合用途的建筑类型地带组成，它们适用于零售、办公、联排式住宅和公寓，具有紧凑的街道网络，包括人行道、固定的行道树栽植和沿街立面的建筑布置
T6	城市核心分区	由最高密度、拥有最多样化用途和地区重要性市民建筑的地带组成。它可能拥有较大的街区，街道有固定的行道树栽植，并且建筑靠近沿街立面布置

图 7-1 国际形态准则的断面分区图（续图）

山水城市形态准则分区选择表 表7-2

<table>
<tr><th></th><th></th><th>T1</th><th>T2</th><th>T3</th><th>T4</th><th>T5</th><th>T6</th></tr>
<tr><td rowspan="3">山与城</td><td>以山为尊式</td><td colspan="6">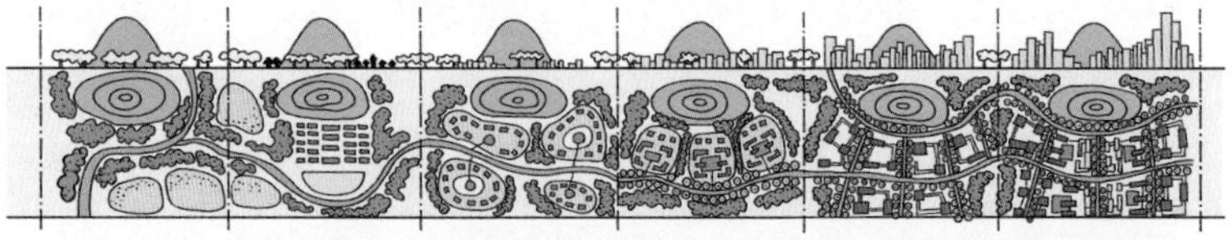</td></tr>
<tr><td>以山环绕式</td><td colspan="6">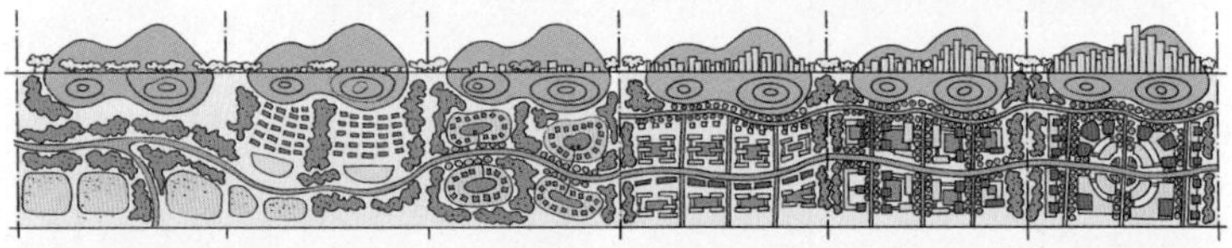</td></tr>
<tr><td>骑山建城式</td><td colspan="6">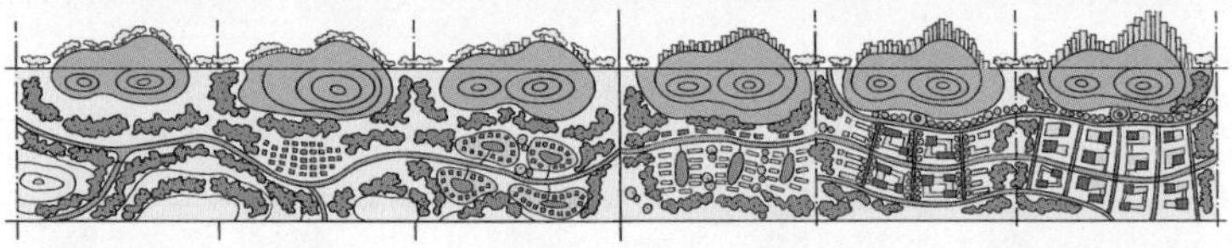</td></tr>
<tr><td rowspan="2">水与城</td><td>单边岸线</td><td colspan="6">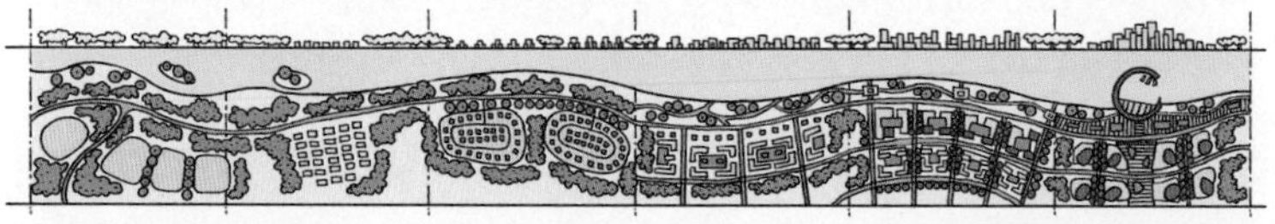</td></tr>
<tr><td>双边岸线</td><td colspan="6">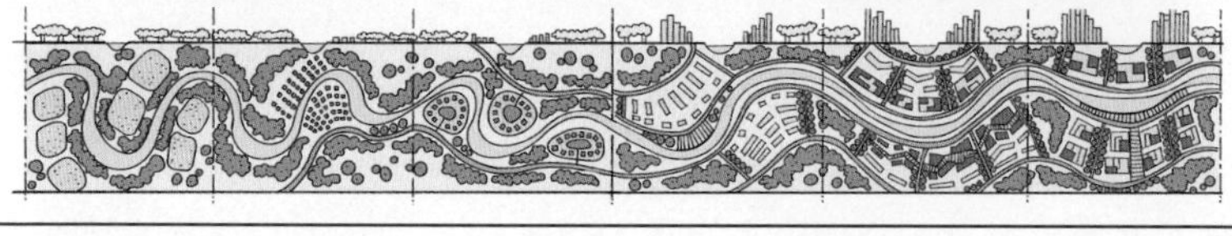</td></tr>
</table>

7.2.2 空间功能细化：由分区到分类的逐层细化

控制性详细规划中对空间功能的管控包括功能布局、用地结构、用地边界、用地面积、用地性质、土地兼容性等方面，为了解决地类划定过细导致的规划上行和法定规划频繁修改等问题，各大城市通常设置了多层次的分区分类体系，以刚弹结合的方式逐步细化传导，既保证总体功能布局和用地结构的协调可控，又保留了具体地类使用与项目实施的灵活性。具体而言，我国当前控制性详细规划中空间功能的细化主要遵循“主导功能引领映射、增量刚弹结合细化、存量叠加复区细化”的路径。

（1）主导功能引领，建立映射关系

当前我国规划中的分区分类体系具有明显的层级尺度差异，由粗到细分别为主体功能分区（县级）、主体功能分区（乡镇级）、一级规划分区、二级规划分区、一级用地分类、二级用地分类、三级用地分类。建立上级粗颗粒度的分区到下级细颗粒度的分类的映射关系，即上级分区的某种主导功能，对应于区内下一层级各类型用途要素固定配比的集合，从而建构由模糊到清晰、逐级深化的用途管控体系，是实现总体规划空间战略向地块具体用途管控政策传导的关键。建立不同层级分区分类之间映射关系的核心在于主导功能的引领作用，主导功能的分布格局决定了“土地发展权”配置的空间格局，助力主导功能发挥的关键地类门槛值、影响主导功能发挥的关键地类上限值及其助力主导功能发挥关键地类的混合可兼容性共同决定了“土地发展权”配置的内部规则（图 7-2）。

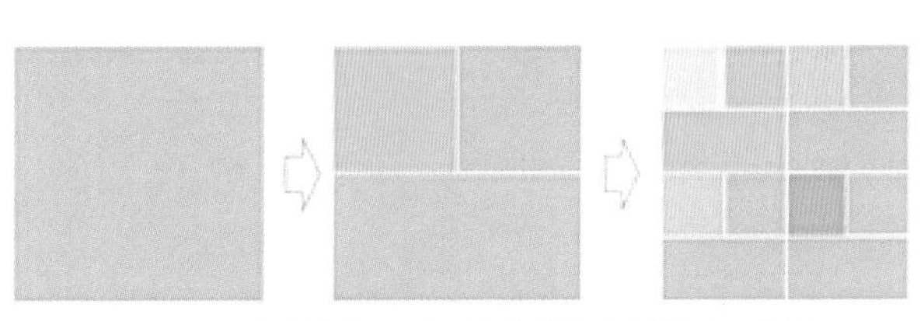

图7-2　从功能分区到用途分类的映射关系示意图

（2）增量规划区域，刚弹结合细化

对于增量规划区域，在主导功能的引领下，多采取刚弹结合、层层用途细化的方式进行“土地发展权”配置。具体实践中，因增量规划单元开发的不确定性，各地通常会制定规划留白政策，对“土地发展权”中的“选择权”价值部分予以最大限度的保留和保护，“留白”中的土地发展权价值多以实物期权的方式进行核算。

（3）存量规划区域，复区叠加细化

对于存量规划区域，现状土地用途分布已较为细致明晰，影响其“土地发展权”配置的关键不在于功能性分区分类的细化，而在于政策性分区分类的深化落实。在当前各地的控制性详细规划实践中，多在常规功能性分区的基础上设置特定政策区，或通过城市更新单元规划的模式，对存量规划空间的“土地发展权”进行整体调控。例如，上海市对公共活动中心、历史风貌街区、重要濒水区与风景区、交通枢纽地区、其他重点地区分类划定三级重点地区，以附加图则的形式进行额外的空间管制。

在山水城乡空间规划设计中，城市布局模式是影响空间功能细化与分区分类管控的重要因素，应在控制性详细规划中予以细化，实行分类引导策略。相关研究将中国山水城市布局模式归纳为四种类型：块状布局、带状布局、环状布局、组团式布局（表 7-3）。其中：

山水城市平面布局示意　　表7-3

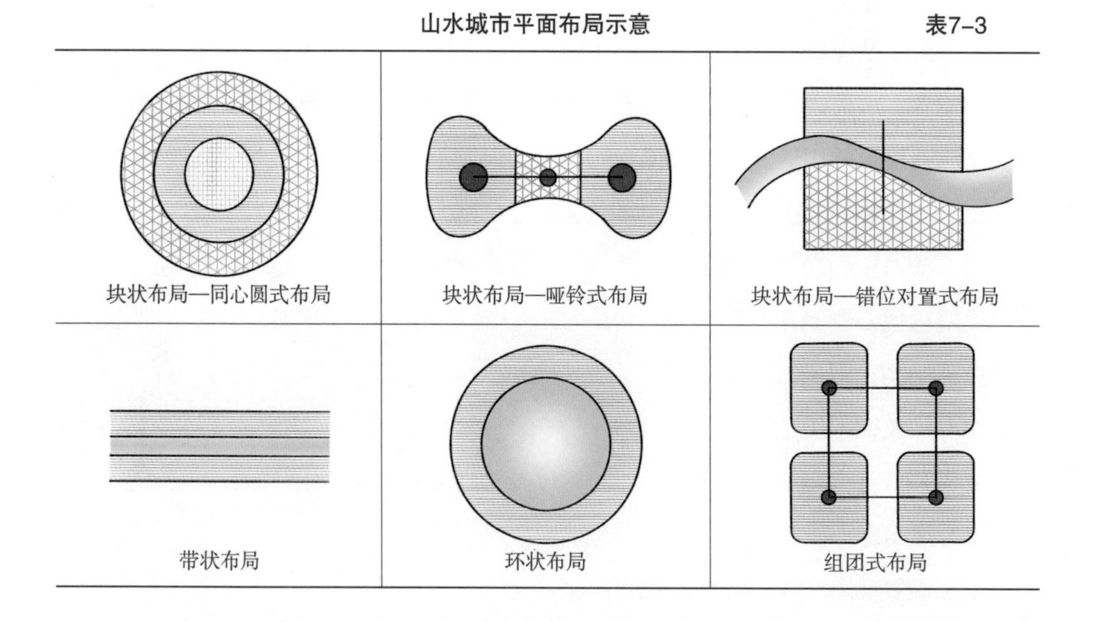

（1）块状布局是城市形态布局中最常见的基本模式，适用范围广，多用于地势较为平坦的地区。该模式便于集中布置公共服务设施，交通组织便捷，土地利用合理，易于满足居民生产生活和游憩等要求。可以根据山水城市的具体自然条件细分为同心圆式布局、哑铃式布局、错位对置式布局。其中，哑铃式布局多是由于山体或河流阻碍，使新

城区在旧城区外部两侧发展；错位对置式布局则多由于旧城区在河流两岸平坦地势分别发展，后期通过道路连接。

（2）带状布局是由于自然条件或交通轴线的影响，沿河流、海岸、狭长谷地凹地、交通要道而形成的布局模式。带状布局城市的结构性很强，土地拓展和交通建设都指向性明确。此类城市多以过境道路为城市主干道，长此以往将造成城市板块割裂，在规划时应加大轴向路网密度，公共服务设施不宜设置在城市过境交通两侧。

（3）环状布局是指城市围绕湖泊、海湾或山地呈环状分布，与带状城市相比，环状城市内部联系较多。这种模式将山水自然要素作为城市景观中心，具有良好的生态环境和景观条件。

（4）组团式布局是块状布局的优化，城市用地结合地形地势采取更为紧凑的布局模式，以更加灵活地适应自然山水条件。城市中每个组团均布局有公共服务设施，相互独立又通过交通和蓝绿空间网络互相连通，建设空间与自然环境有机融合①。

7.2.3 空间底线管控：由结构到实物的逐步落位

控制性详细规划中的空间底线管控涉及三大配套设施（市政公用设施、公共服务设施、公共安全设施）、四线（绿线、蓝线、黄线、紫线）以及道路交通和开敞空间规划设计中的刚性内容，空间底线管控体现了控制性详细规划对土地市场开发过程中的“负外部性”管控与“公共产品”供给“市场失灵”问题的“纠偏”作用，其通过限制特定区域的“土地发展权”达到整体公共效益最优的目的。具体而言，我国当前控制性详细规划中空间底线管控的落实主要遵循“基底空间控线、分级中心控点、出行半径控面”的逻辑。

（1）基底空间控线，按重要等级落实

以上海市为例，上海市控制性详细规划成果规范要求落实和深化总体规划所划示的各类基底空间控制线，其中蓝线、绿线要求在控规图则中落实到各类绿地、水域的地块控制线，紫线要求在控规图则中落实到历史风貌保护区和保护建筑建设控制四至范围，其他控制线如城市开发边界、文化保护控制线、道路中心线和道路红线、基础设施用地

① 李珏．山水城市空间形态分区控制方法研究 [D]．广州：华南理工大学，2012.

控制线、铁路控制线和轨道交通控制线等以独立图层和指定线型表达。控制线一般依据重要性等级逐步落实，但同一层级控规中不同类型控制线的划定深度表达有所差异，如上海市的单元控规图则中，蓝线、绿线、黄线以实线形式进行管控，表明地块位置边界原则上不可更改，紫线、远期红线等以虚线形式进行管控，表明在地块细分或下位规划落实阶段边界可略作调整。

（2）分级中心控点，按中心体系配置

城市中心体系历来就是城市空间组织的核心框架，控制性详细规划中的三大设施（公共服务设施、市政基础设施、公共安全设施）主要依据城市公共中心体系的布局进行结构点位的空间控制与逐级细化。其中，公共服务设施配置侧重等级性和均等化，依据千人指标和服务人口规模明确配建数量和规模门槛；市政基础设施和公共安全设施则遵循“定性—定量—定界—定配”[①]设施的逐级深化思路，通过核算各级中心体系服务区范围内的规划容量和设施负荷，细化敲定设施布局点位和规模。

（3）出行半径控面，按圈层结构配置。分级生活圈域规划是当前规划实践中的重要尝试和突破，其将公共设施配置从以物为中心视点的“千人指标”转向以人为中心视点的“生活圈半径”。《社区生活圈规划技术指南》[②]明确：在详细规划层面，应明确不同社区生活圈的发展特点，结合详细规划空间单元的划分，落实各类功能用地的布局及各类服务要素配置。深圳市在控制性详细规划单元划分改革中，已明确将 15min 生活圈与 10min 就业圈作为划定规划“标准单元”的基本依据，上海市在规划实践中，探索了城乡有别、分层分级的公共设施圈层配置模式，分别基于镇街和社区 / 村的边界，在城镇构建“15min、5-10min”两个社区生活圈层级，在乡村构建“乡集镇—村 / 组”两个社区生活圈层级。

在山水城乡空间规划设计中，城市轮廓线管控、视觉廊道管控是空间底线管控的重要内容，应在控制性详细规划中予以细化：

1. 城市轮廓线管控

城市轮廓线是指：由一座或一组以天空为背景的建筑物及其他物体所构成的轮廓线

---

① 唐燕 . 控制性详细规划 [M]. 北京：清华大学出版社，2019.

② 中华人民共和国自然资源部 . 社区生活圈规划技术指南：TD/T 1062—2021[S]. [出版地不详]:[出版者不详]，2021.

或剪影。城市的自然地形、建筑风格、规划控制等，均是影响轮廓线形态的重要因素。山水城市的轮廓线管控主要包括山体轮廓线管控与滨水岸线管控两方面。

（1）山体轮廓线管控

根据城市建筑形态与周围山脊线之间的关系，可将城市的山体轮廓线分为两种类型——剪影式和叠加式。剪影式指山体作为城市建筑的背景存在，叠加式指山体与建筑相互穿插融合。规划中的山体轮廓线管控，首先应顺应山体轮廓的整体走向，对于剪影式山城关系，应在高层建筑发展的同时，留出连续、完整的山脊线区段，并保证观赏山脊线的视线走廊通畅；对于叠加式的山城关系，应加强山脊线走向与建筑轮廓线的衔接，形成山城相伴、相得益彰的呼应关系（图 7-3）。

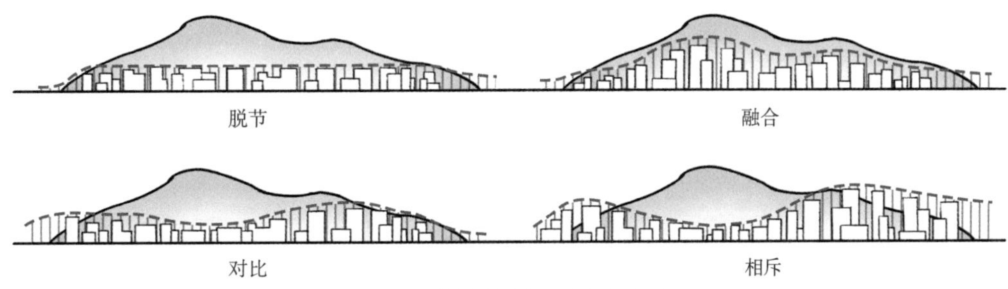

图 7-3 城市轮廓线与山体的关系

（2）滨水岸线管控

滨水岸线管控可分为海滨城市滨水岸线管控与河港城市滨水岸线管控两种类型。海滨城市岸线（包括湖泊岸线）即拥有广阔水面的岸线，如美国西雅图与中国杭州，其以城市整体轮廓为鉴赏对象，具有全方位、多角度观赏的整体性与层次性，在进行形态控制时更为注重整体轮廓的处理。如西雅图在规划中提出对建筑高度的控制不以单一地块为考量，而以整体思维“雕刻”城市核心区天际线，并允许部分建筑超过地块限高的 20%。河港城市岸线即拥有穿城而过的河流岸线，其以河流的单侧或双侧岸线为鉴赏对象，进行形态控制时更注重管控两岸建筑尺度和河道宽窄的比例。D/H 值越高，河流两岸疏离感与空旷感越强，设计时更注重整体轮廓的处理；D/H 值越低，河流两岸空间的整体性与围合感越强，设计时更注重空间细节的雕琢①（图 7-4）。

① 李珏．山水城市空间形态分区控制方法研究 [D]. 广州：华南理工大学，2012.

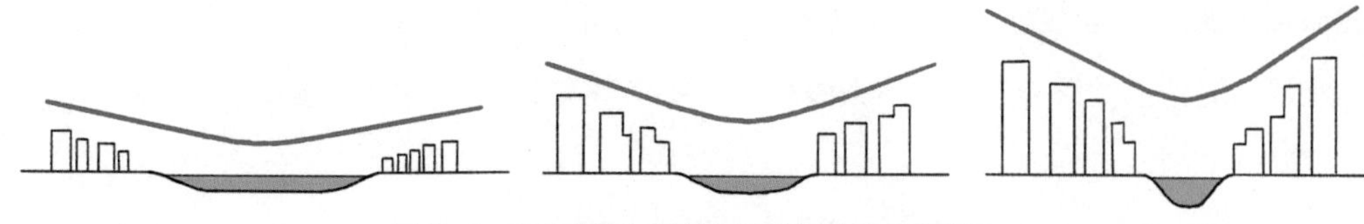

图 7-4 河流宽度与建筑之间的尺度关系示意图

城市轮廓线既要体现自然生态环境，又要展现人文建筑特色，即无论是山体轮廓管控，还是滨水岸线管控，都要体现山水与城市相依、和谐发展的轮廓景观（图 7-5）。

2. 视觉廊道管控

视廊是城市三维感知系统的体现，是在城市平面设计的基础上，考虑人的视觉感官，通过构建视觉廊道的方式，将城市的各个空间系统进行组合和有机连接。城市视觉廊道可分为自然环境视廊、人造环境视廊、混合环境视廊三种。自然环境廊道是指由

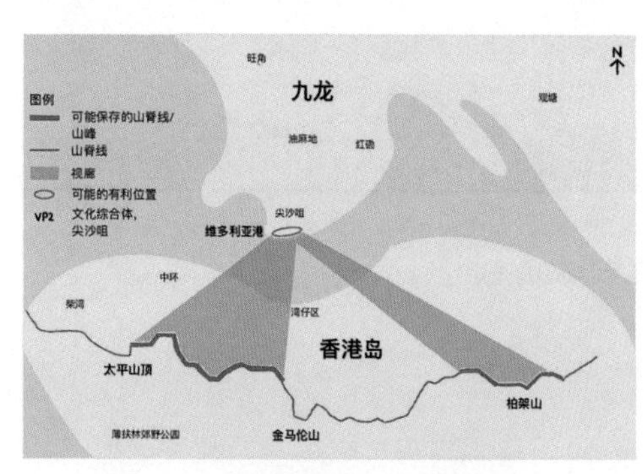

重要眺望点中可视山体分析

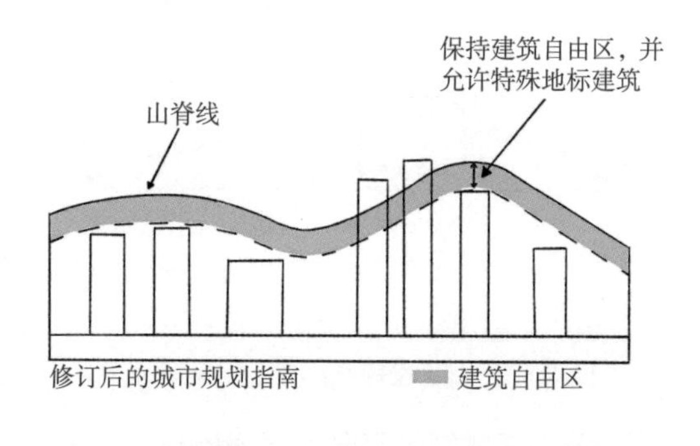

山脊线下控制建筑高度示意

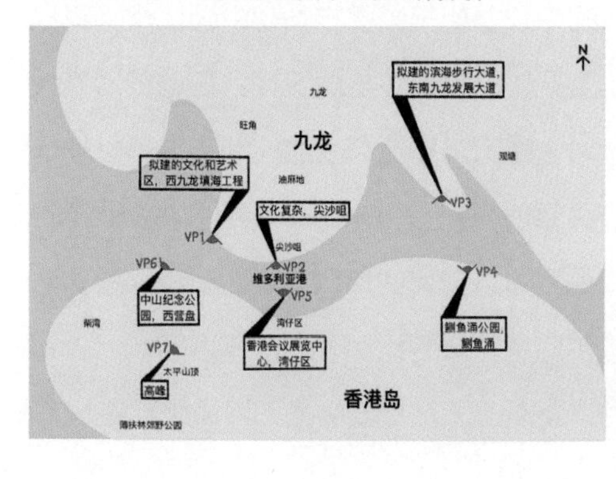

香港城市设计指引中确定的眺望点

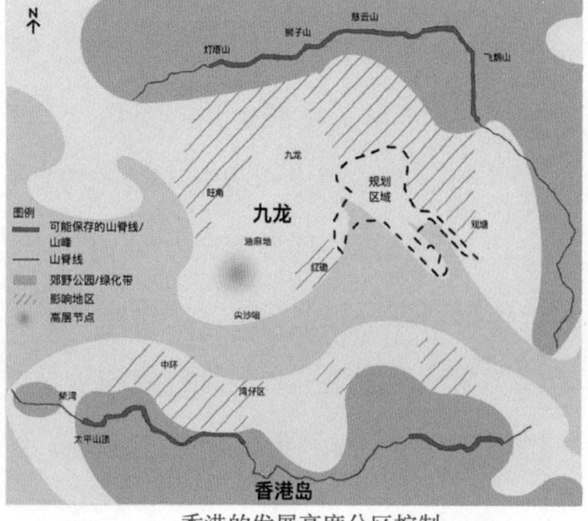

香港的发展高度分区控制

图 7-5 香港城市设计中对山体轮廓线的管控示意图

绿植、山体等自然要素构成的廊道界面；人造环境视廊是指由建筑物、构筑物等人工要素构成的廊道界面；混合环境视廊则指由自然和人工两种要素构成的廊道界面，如城市公园中的视廊。人造环境视廊又可分为建筑轴线视廊、建筑空间视廊和交通轴线视廊三大类，其规划管控要求各有侧重。

（1）建筑轴线视廊管控注重轴线两侧建筑的对称，以加强城市空间的秩序感，使空间关系更加清晰，同时注重采取对比的手法，通过建筑空间与开放空间的有机组合与交替排列，形成富有变化和节奏感的城市景观特征。建筑轴线视廊设计还十分强调空间尺度的人性化，通过建筑空间的细化和街道 D/H 比的控制，营造亲人的空间体验。

（2）建筑空间视廊是山水城市景观特色管控的重要内容，其旨在保障城市重要建筑与景观节点间产生视线联系，以强化城市结构。建筑空间视廊设计首先应确定观测地点和观测对象，观测地点多选在城市公共开放空间，观测对象多为山体、城市标志物等重要景观节点；其次应通过视廊范围内的建筑物高度管控，确保在观测地点至少能看到目标山体或景观节点的 1/3；最后通过视廊范围内的建筑物轮廓线管控，形成层次分明、富有美感、与山体走势相协调的建筑轮廓（图 7-6）。

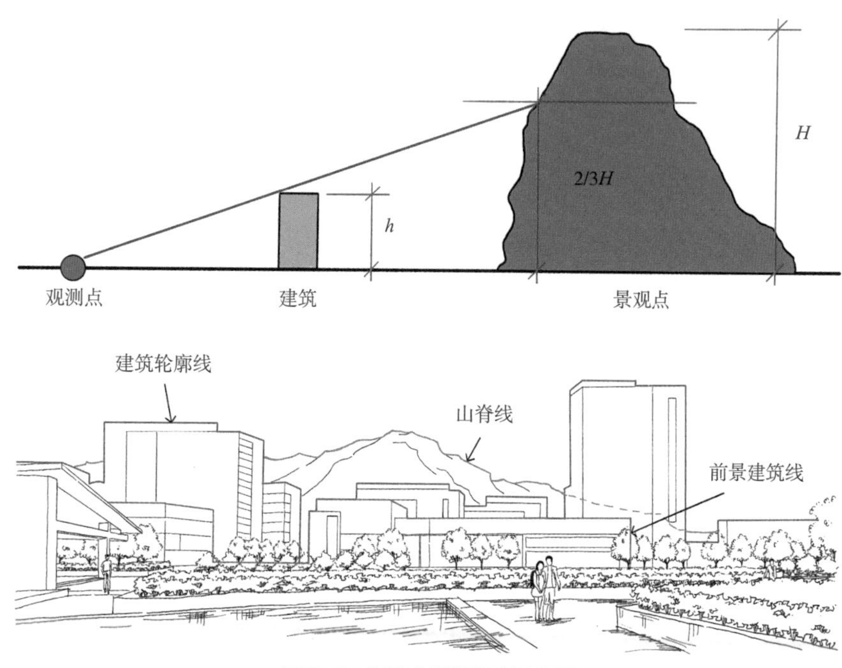

图7-6 视廊内建筑高度示意图

（3）交通轴线视廊是指依靠道路交通轴线打造的视线廊道。其设计管控中更为关注不同运动速度下人的视觉特征和心理感受。管控要素包括道路指示标志、车行道和人行道的比例、街道家具、建筑退线、道路两侧的绿植设计等[①]。

7.2.4 空间形态指引：由城市到建筑的工笔雕琢

控制性详细规划中对空间形态的指引包括公共开放空间、建筑体量、建筑形式、建筑色彩、空间围合关系等，遵循从城市到建筑逐级细化的逻辑。其中，地标系统设计、色彩系统设计、街区规划设计、建筑规划设计是山水城乡空间规划设计中的重点。

1. 地标系统设计

城市地标是指城市中重要区域单一而独特的主形体，它的存在可以让观察者在最短的时间内识别城市，是城市从心理上和地理意义上的标志物。城市地标系统设计应体现对城市空间结构的暗示，让城市空间脉络更清晰、让空间秩序感更强烈。山水城市的地标可在山顶、城市中心、河流转弯处、城市入口、城市干道交汇处等区域选址，结合视觉廊道、道路和城市整体轮廓等加以设计。地标性建筑或构筑物的选址建设应有利于城市形象的彰显、城市走向的指引、城市景观的连接、城市天际线的形成，地标的高低、体量、色彩等均需与山水城市的整体意象特征相融合。

2. 色彩系统设计

城市色彩系统规划通过对城市所有色彩元素的统一分析、规划设计与管控，明确城市主导色、辅助色和点缀色体系，从而确立各类建筑物的固定基准色、各类城市家具小品和公共交通等的流动基准色，进而创造出具有鲜明地方特征的城市空间景观形象。色彩规划方法可归纳为三种：一是确定城市主导色；二是不确定主导色，以城市功能分区划分不同色调；三是以城市空间结构确定色谱。山水城市有独特的自然条件，在城市色彩的设计中，宜考虑选用第三类规划方法，结合城市空间结构与自然分区特征，将人工色彩融于自然色彩中，充分运用本地建筑材料，注重历史文脉的传承和山水地域个性特征的表达[②]（图 7-7）。

---

① 朱东 . 城市形态设计准则在小城镇山水特色营造中的应用 [D]. 天津：天津大学，2017.

② 李珏 . 山水城市空间形态分区控制方法研究 [D]. 广州：华南理工大学，2012.

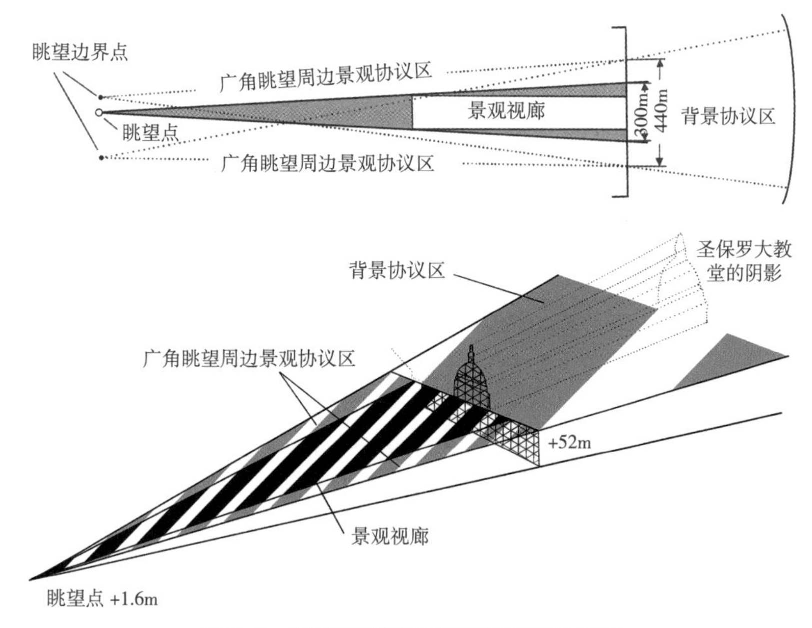

图 7-7 伦敦战略眺望控制区眺望控制示意图

3. 街区规划设计

重点关注街区的密度与尺度、功能多样性、街区界面和高宽比等。其中，街区密度与尺度方面，通常通过缩小城市街块面积，增大道路网密度，可增加城市的可达性。功能多样性方面，通过街道两侧土地功能的混合和建筑功能的复合，可优化步行体验和增加街区活力。街道界面方面，保持街道界面的开放性、可透视性和连续性是城市形态指引中的管控重点。街道高宽比方面，相邻建筑间距（D）与建筑高度（H）之间比例为 1 时，建筑高度与间距尺度适中，外部空间内聚，围合感强。公共空间尺度方面，人与建筑物的距离 W 与围合界面的建筑高度 H 之间的比例为 1 时，公共空间的密闭性较强，使人感受到亲切和安全；比例为 2 时，人的视线范围内既能看见自然景观，又能看见建筑物，空间氛围较佳[①]（图 7-8）。

4. 建筑规划设计

重点关注建筑排布、建筑体量和建筑形式等。建筑排布方面，应结合不同的坡度和地形特点，依山就水、自由灵活地布局建筑群体，沿山建筑排布宜尊重原有等高线，

① 李珏 . 山水城市空间形态分区控制方法研究 [D]. 广州：华南理工大学，2012.

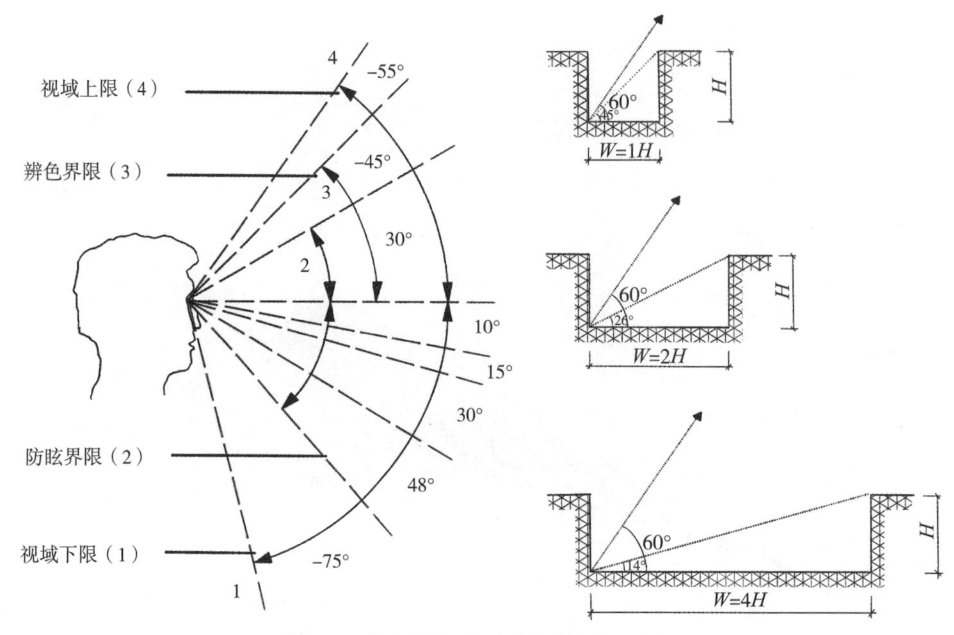

图7-8　海德曼的视域理论与空间界面比例

根据地形、风向、朝向和路网综合考虑布局，以组团式散落布局为宜，滨水建筑排布要注重临水建筑的逐层跌落，确保留有足够的视线通廊和高质量的亲水空间。建筑体量方面，应将塔楼、裙楼的界面连续性作为重要控制指标，既要保障自然景观的视觉渗透率，又要保障低层建筑界面的连续性与围合度。原则上毗邻山、湖、河、涌等城市稀缺开阔空间的建筑，塔楼界面率不超过 50%，裙楼沿街界面长度不低于地块长度的 80%。建筑形式方面，应充分考虑到环境和历史文化等因素的影响，并在造型中融入时代元素，通过富有文化感、层次感和节奏感的屋顶设计，塑造城市独具特色的天际轮廓线（表 7-4、图 7-9~ 图 7-12）。

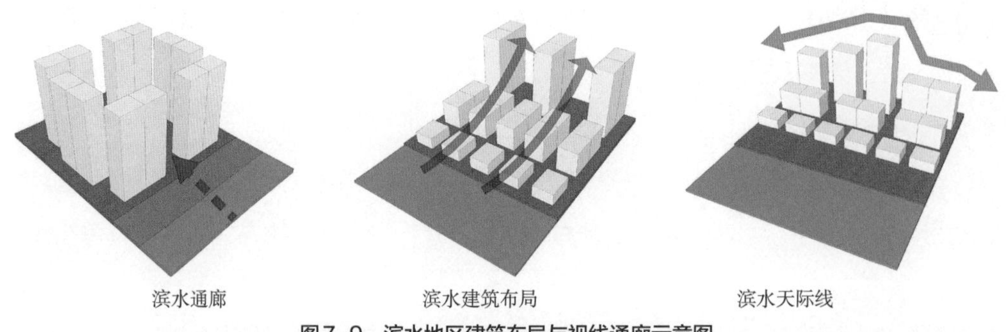

图7-9　滨水地区建筑布局与视线通廊示意图

住宅建筑群和山体的空间布局模式示意 表7-4

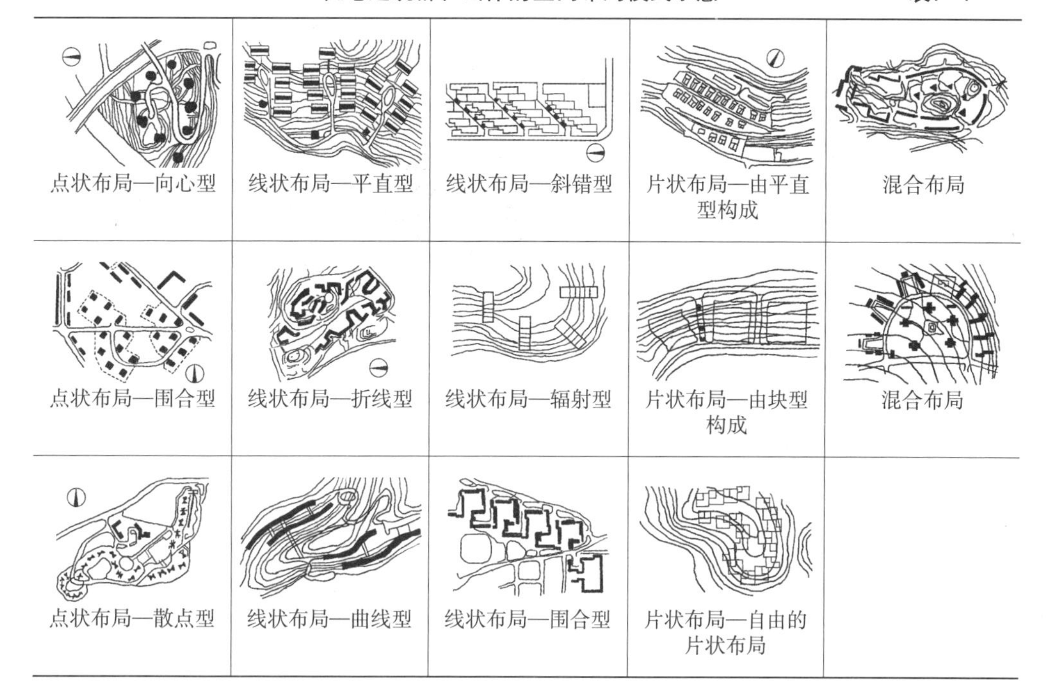

点状布局—向心型	线状布局—平直型	线状布局—斜错型	片状布局—由平直型构成	混合布局
点状布局—围合型	线状布局—折线型	线状布局—辐射型	片状布局—由块型构成	混合布局
点状布局—散点型	线状布局—曲线型	线状布局—围合型	片状布局—自由的片状布局	

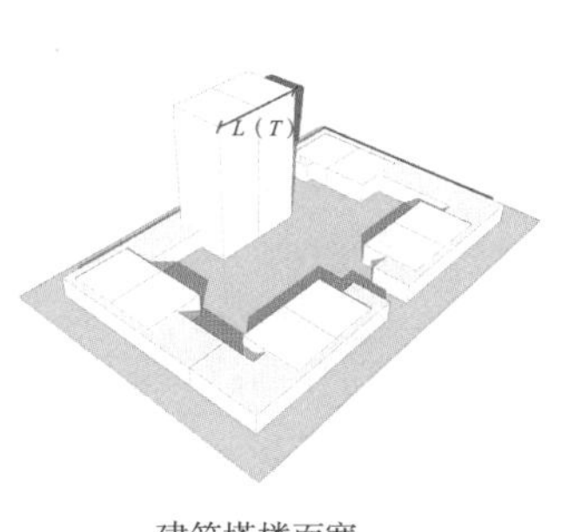

建筑塔楼面宽

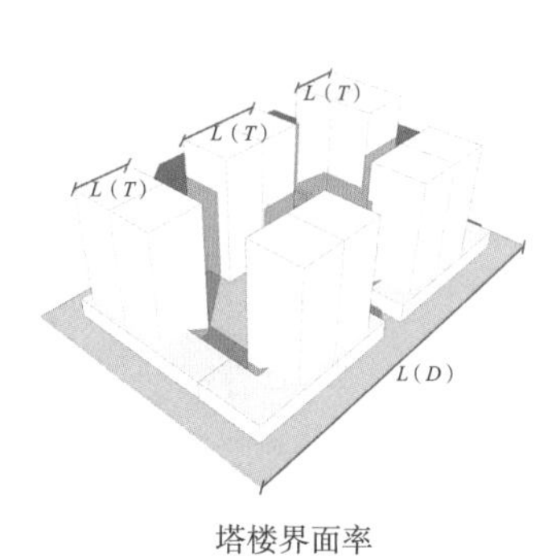

塔楼界面率

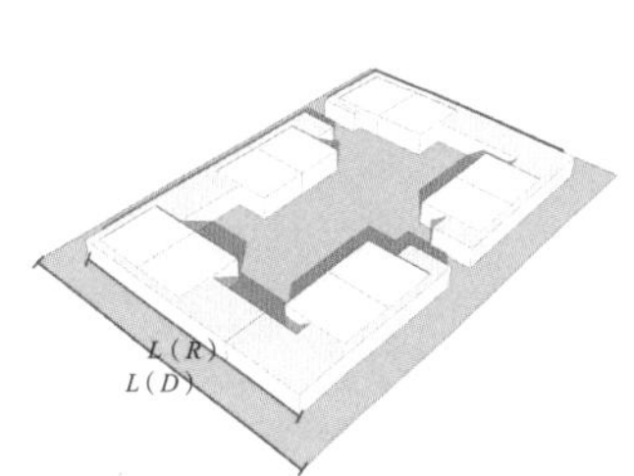

建筑立面连续度

图 7-10 建筑体量管控示意图

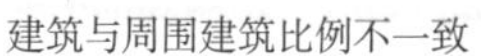

建筑与周围建筑比例不一致

建筑与周围建筑比例一致

图 7-11 建筑外立面与周边环境关系

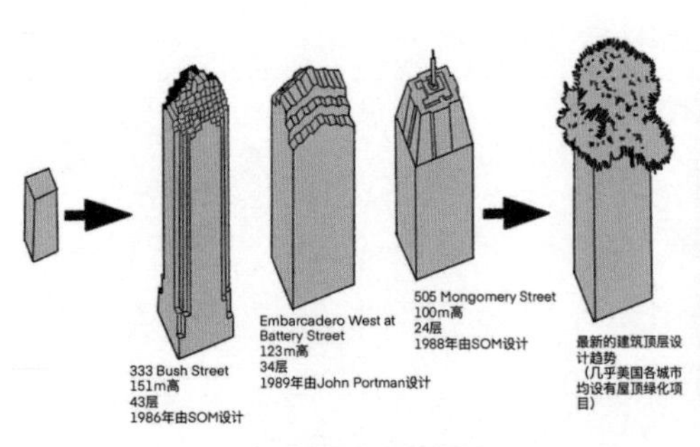

建筑屋顶造型示意图

纽约市中心多变的屋顶造型

图 7-12 建筑屋顶形式及其对城市天际线的影响

专栏：长三角生态绿色一体化示范区水乡客厅国土空间详细规划

《长三角生态绿色一体化示范区水乡客厅国土空间详细规划（2021—2035 年）》是全国首个跨省域的国土空间详细规划，其为示范区水乡客厅的开发建设、用途管制、规划许可等提供了法定依据。

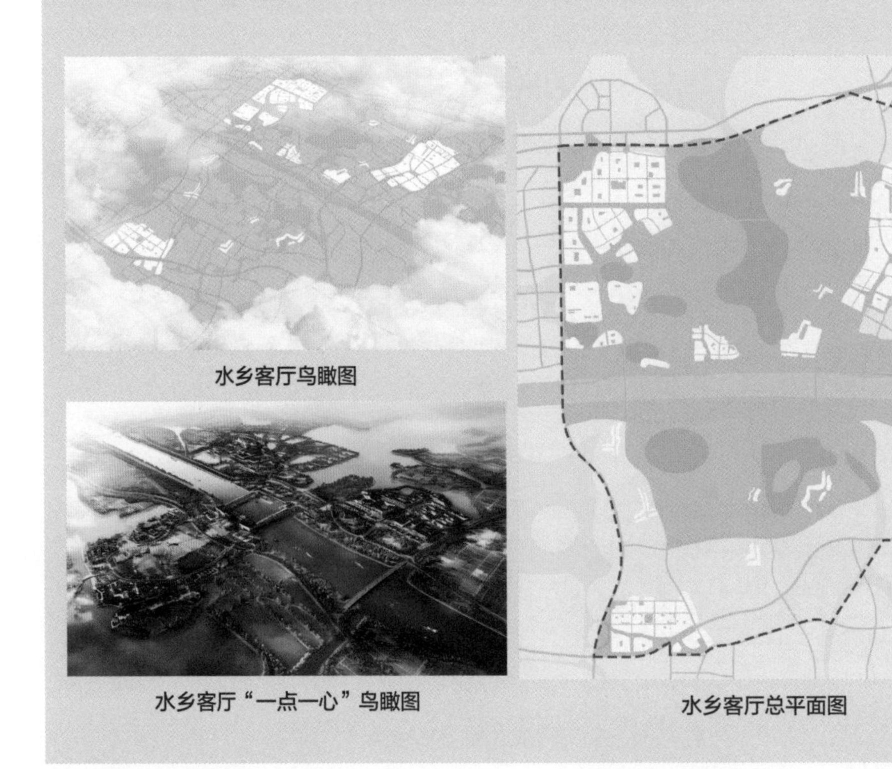

水乡客厅鸟瞰图

水乡客厅“一点一心”鸟瞰图

水乡客厅总平面图

《长三角生态绿色一体化示范区水乡客厅国土空间详细规划（2021—2035年）》共13章、45节，围绕发展定位、目标愿景、空间结构、产业发展、公共服务、交通体系、生态环境等方面展开。

1. 定位与目标

一是规划范围。水乡客厅位于长三角中心地带，包括上海市青浦区金泽镇、江苏省苏州市吴江区黎里镇、浙江省嘉兴市嘉善县西塘镇、姚庄镇四镇的部分区域，总面积约35.8km^2。

二是功能定位。水乡客厅是长三角一体化建设成就可见可现的集中展示区，由两省一市共同打造的体现示范区生态绿色理念的功能样板区，集中实践和示范城水共生、活力共襄、区域共享的发展理念，是长三角一体化共商、共建、共治、共享、共赢的制度创新试验田。

三是建设目标。规划城乡建设用地总规模838.32hm^2，另外，三地各预留机动建设用地2hm^2，开发强度控制在25%以内。到2025年，三地互联互通、一体化建设全面开展，生态系统和交通路网骨架基本成型，市政基础设施推进建设，重要功能节点建设有序推进，蓝环水系形成。到2035年，全面建成示范产居、人文、生态一体化发展的世界级水乡客厅，建设成为跨行政区一体化高质量发展的示范窗口与核心承载地。

2. 空间布局和规划策略

一是在空间结构上，水乡客厅构建“一点、一心、三园、三区、三道、多村”的空间结构，塑造江南韵、小镇味与现代风交融的新江南风貌，蓝绿空间占比约75%。“一点”即方厅水院，寓意一体发展，充分挖掘长三角原点的独特内涵，围绕该地理标志打造一处可感知、可体验、可激发一体化认同的标志性功能场所。“一心”即临近长三角原点，是客厅核心区，包括创智引擎、科创学园和会

水乡客厅“一点一心”——方厅水院夜景效果图

展村苑三大组团，发挥“客厅”作用，布局建设多样的创新聚落空间。“三园”即江南圩田、桑基鱼塘、水乡湿地三个主题展示园，以湖荡圩田为基底，将现代绿色生态理念和技术与历史悠久的传统理水治水智慧文化相融合，打造运用湿地净化、水源涵养、循环农业、圩田再造等技术手段，形成有机融合的蓝绿空间和生态系统，打造世界级湖区的特色景观。“三区”即金泽、汾湖、大舜三大功能区，集创新聚落，以存量改造和择址新建相结合的方式，有机嵌入区域级、标志性的创新服务、文化创意、科教研发、生态体验等功能性项目，呈现面向未来的生产生活场景。“三道”即蓝道、绿道、风景道，链接水乡风景，通过水陆交通组织，串联自然地理和人文风景，打造以“锦绣江南、十里画廊”为建设目标的水乡客厅蓝环。“多村”即科普村、创新村、文旅村，促乡村振兴，通过功能提升、风貌整治、局部更新等策略，盘活并优化村庄建设用地，营造三生融合的水乡村落。

二是在产业发展上，将好风景与好人文植入创新产居网络。作为长三角新经济创新前沿、三生融合高质量发展实践地，成为跨界融合、创新引领的核心区。

三是在公共服务与住房保障上，坚持以人民为中心，构建多元化的住房保障体系，布置均衡优质的服务设施，发挥社区生活圈基础性和综合性作用，提升公共服务水平，增强人民群众的获得感、幸福感、安全感。

四是在交通体系和市政设施上，坚持公交优先，综合布局各类交通设施，跨界互连，一体化构建水乡客厅与外部骨干道路的路网体系，实现多种交通方式的顺畅转换和无缝衔接，构建便捷、安全、绿色、低碳、智能、经济的现代化交通体系。坚持绿色、智能，推广绿色低碳生活方式，创新基础设施建设运营模式，建构绿色智能市政设施体系。

水乡客厅“一点一心”——方厅水院河上透视效果图

五是在生态环境与安全防灾上，以“生态优先、绿色发展”为指引，加快推进生态绿色低碳发展模式，率先探索建设“双碳”目标实质性落地的集中引领区。着力实施减量、增容、提质，共筑协调共生的

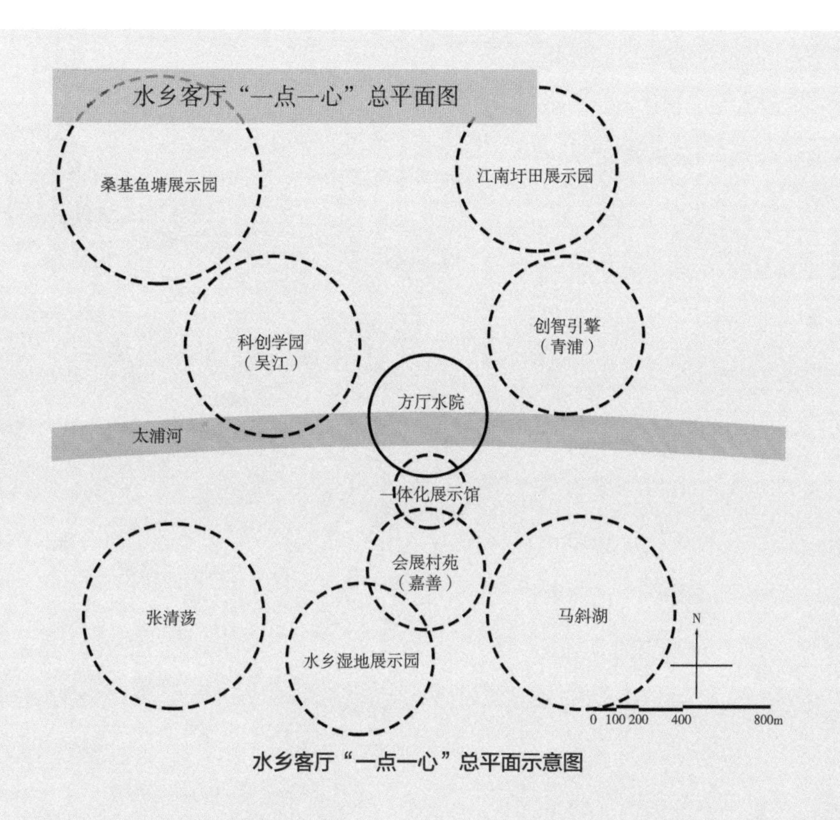

水乡客厅"一点一心"总平面示意图

生态体系、搭建绿色创新的发展体系、建立统筹协调的环境制度体系、完善集成一体的环境管理体系，形成现代化强韧的安全保障系统。

3. 规划实施保障

一是加强跨省域统筹协调，以示范区执委会和两区一县共同组建的水乡客厅开发建设指挥部为平台，研究处理开发建设相关重大事项。

二是强化规划实施监督，详细规划成果纳入国土空间规划"一张图"实施监督信息系统，落实"一张图"全过程管理，确保"一张蓝图绘到底、建到底、管到底"。

三是推动规划动态维护，切实维护规划的严肃性和权威性，提高规划落实的执行力。根据发展需要，严格按照相关程序对规划进行动态维护。

4. 规划的五大创新

作为全国首个跨省域的国土空间详细规划，在规划方面创新性地提出了"五位一体，和而不同"的技术路径。五位一体，即数字平台、空间融合、要素覆盖、项目衔接、成果表达五个“一体化”；和而不同，即在编制过程中兼顾地方发展的阶段性差异和不同的诉求，统分结合，形成共同而又有区别的全域空间发展新路径。

一是数字平台一体化。三地在日常规划建设管理工作中，使用的是当地的地理坐标系统，导致三地底板数据难以拼合形成一张底图。规划编制过程中，统一使用了2000国家大地坐标系作为一体化数字平台的地理信息基准，实现三地规划数据同步转换，无缝衔接。执委会牵头两省一市专门开发了沪苏浙坐标转换平台，实现示范区内地理数据的无缝转换，满足一体化规划与属地管理的不同需求。

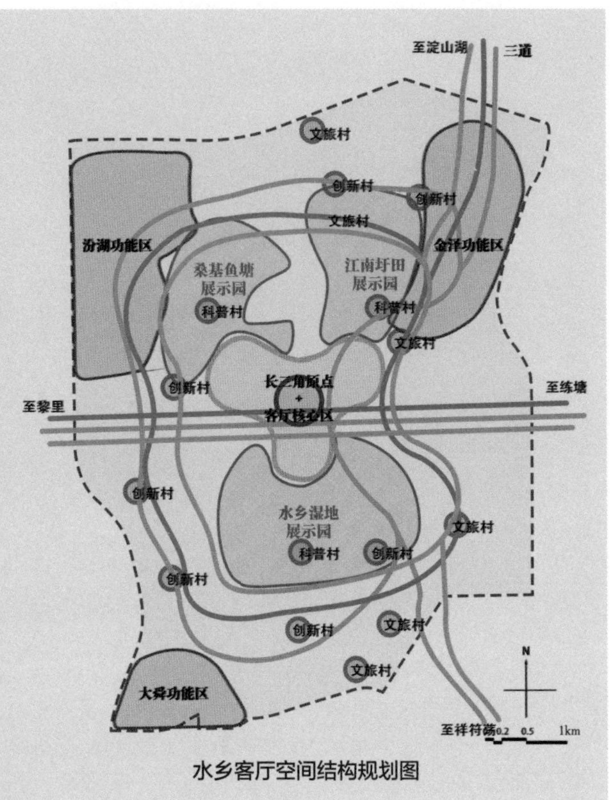

水乡客厅空间结构规划图

二是空间融合一体化。在水乡客厅规划中打造无界新境，即打破行政边界，将长三角原点及其周边地区视为一个整体，共同打造“一点、一心、三园、三区、三道、多村”的空间结构，一体化建构跨省域空间系统。

三是要素覆盖一体化。本次规划全面响应新时代国土空间规划体系发展新要求，全面落实示范区国土空间总体规划和城市设计成果，充分吸收了各地在乡村规划、郊野单元规划等方面开展的创新实践成果，突破了传统详细规划侧重城镇开发边界内部的编制局限，构建城乡全域、全要素、全覆盖的空间布局，实现空间复合渗透、生态与功能交融。

四是项目衔接一体化。在规划编制的过程中，按照高起点规划、高标准建设、高质量发展的要求，统筹三地合理布局跨地区的公共服务和配套基础设施，全面衔接示范区重点项目，支撑项目精准落地，切实保障和提升水乡客厅建设的显示度、示范性。

五是成果表达一体化。按照不破行政隶属，打破行政边界的要求，详细规划成果编制过程中，形成“1+3”的成果形式，“1”即 1 套一体化控规成果，在国家要求的基础上，吸收三地经验，确保基本条目不缺失，核心要素有特色，数据指标可实施。“3”即 3 套依据各地技术标准分别转译的入库技术成果，分别纳入三地“一张图”管理，确保规划实施[①]。

① 季松，段进，薛松，等. 基于空间基因传承的城市设计方法探索：以长三角一体化示范区水乡客厅为例 [J]. 城市规划，2023，47（12）：4-12，48.

8

国土空间专项规划中的长三角山水城乡空间规划探索

特定地域类规划

特定领域类规划

8.1 特定地域类规划

8.1.1 沿河地带专项规划：以大运河杭州段为例

打造大运河国家文化公园是党中央和国务院作出的重要决策部署，也是国家着力推动的一项重大文化工程。作为流动的文化遗产，大运河见证了中华民族的繁荣发展，是中华文化基因和中国特色社会主义文化的优质载体。加强大运河世界文化遗产的资源保护与开发利用，对于推动沿线地区高质量发展具有重要的战略意义。《杭州大运河国家文化公园规划》以习近平总书记关于保护好、传承好、利用好大运河的重要指示批示精神为遵循，落实《大运河文化保护传承利用规划纲要》《长城、大运河、长征国家文化公园建设方案》《大运河国家文化公园建设保护规划》《浙江省大运河国家文化公园建设保护规划》《杭州市大运河文化保护传承利用暨国家文化公园建设方案》等上级文件精神，精细化制定大运河杭州段的沿河地带专项空间规划，规划范围涵盖上城区、拱墅区、西湖区、滨江区、萧山区、余杭区、临平区七个沿河行政区。

1．“多规合一”的空间布局体系

规划基于核心区的十条主要河道，构建“山水群落、河岸双带、核心十园、特色百景”的空间格局。其中，“山水群落”是指湿地生态群落、著名山脉群落以及公园生态群落；“河岸双带”是基于十条大运河主题河道构建的运河文化旅游带，它们共同形成了杭州大运河国家文化公园的线性展示区域；“核心十园”是指十个重点策划的核心展示园，它们构成了杭州大运河国家文化公园的整体实体展示空间，充分体现了杭州大运河的核心价值和特色；“特色百景”是指杭州大运河国家文化公园内多个文化主题鲜明、文化资源高度集中的特色资源点，这些点共同构建了一个具有独特文化体验的分散式点状展示空间。进一步地，综合考量大运河周边的文化资源布局、资源禀赋差异以及周围的居住环境、自然环境和配套设施等因素，划定管控保护区、主题展示区、文旅融合区和传统利用区四大功能区，明确各自的建设保护重点（图 8-1）。

以规划骨架和功能分区为基础，遵循“多规合一”的原则，梳理现行各类总体规划与专项规划，构建综合性的大运河空间布局体系，包括文脉传承体系、蓝绿生

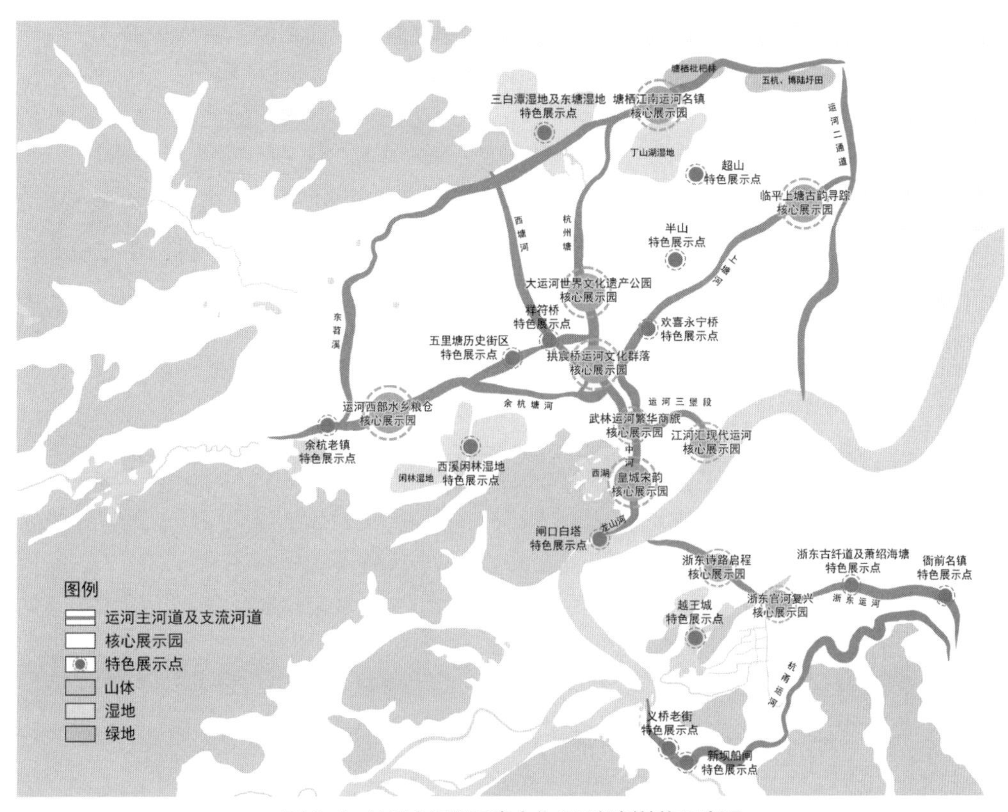

图 8-1　杭州大运河国家文化公园规划结构示意图

态体系、特色景观体系三大核心体系和街道广场体系、绿色交通体系两大支撑体系（表 8-1）。

杭州大运河国家文化公园“多规合一”的规划体系　　表8-1

	多规合一体系	子系统
核心体系	文脉传承体系	风貌分区、文化展示体验结构、题名景观
	蓝绿生态体系	生态空间、线性生态廊道、公园绿地
	特色景观体系	城市地标、景观眺望系统
支撑体系	街道广场体系	特色街道、城市广场公园
	绿色交通体系	绿道系统、轨道交通系统、水运系统

2．“守正创新”的文脉传承体系

以“古韵传承、活力复兴”为核心构建杭州大运河国家文化公园的文化传承体系，包括运河文化（运河漕运、水利工程、航运业、居民区、商业贸易、宗教信仰、工业活动等），景观文化（山水景观、湿地景观、农业景观、题名景观等），其他相关文化（海丝文化、海塘文化等）三大文化体系。

以文脉传承体系为基础，遵循“以文塑旅、以旅彰文”的原则，进一步构建“环带辉映，水陆缤纷”的杭州大运河文化旅游特色格局，依托大运河文化底蕴，精心设计串联沿线特色景观、历史文化与自然风光深度交融的文化精品游线，并积极推动运河文化与西湖、良渚文化联动，使杭州三大世界文化遗产形成文化旅游合力，共同助力杭州迈向“国际重要的旅游休闲中心”和“世界一流旅游目的地”。

3．“山水伴园”的蓝绿生态体系

（1）强化运河文化景观保护。传承历史大地景观，保持运河典型地形地貌，并努力打造杭州独特的蓝绿生态环境。深度挖掘运河沿岸生态空间的历史和文化特色，构建具有地方标识性的运河生态景观体系。

（2）改善运河水系生态环境。强化大运河周边关键断面的水质环境监测和预警，推动 IV 类及以下水质河段的污水和垃圾处理，严格控制河湖排污口的建设，提升省级控制断面的水质达标率；加大对运河流域污染源的管理力度，加快修复河道生态系统，构建运河水系生态河网；建设两岸绿化系统、透水地面设施和雨水渗透系统，净化雨水径流，加强运河与城市地表水、地下水的交换流通，为运河提供更多的优质水源。

（3）建设运河湿地公园群落。串联丁山湖湿地、三白潭湿地、西溪湿地、闲林湿地、南湖湿地、湘湖—白马湖湿地、临平湖湿地等重要湿地，一体规划、联动发展，打造运河沿线连片湿地公园群。挖掘湿地空间的历史文化内涵，在确保水生态系统和湿地自然人文景观风貌完整性的基础上，打造文化、体验、游憩于一体的复合湿地公园空间。

（4）打造运河名山景观长廊。以江南运河为主线，串联超山、临平山、皋亭山、半山；以浙东运河为主线，串联北干山、西山、航坞山等风景资源，打造运河名山景观长廊。充分挖掘运河名山的历史文化内涵，提炼名山所承载的大运河文化内涵，结合现有绿化游憩设施进行进一步提升，与沿线运河特色文化进行联动展示。

（5）构建多级运河公园体系。利用城市区域内已有的公园空间，结合城市郊野的蓝绿空间，规划布局“市级运河文化公园、区级运河特色公园、社区公园绿地”三级运河公园体系，打造十分钟可达的运河公园休闲生活圈。

4．“杭城运味”的特色景观体系

（1）打造充满活力的精致街区。传承运河在历史上“主街次巷、上宅下店、河埠码头”的独特空间肌理，通过滨水小型街区、沿河连续界面、多层低密度建筑的打造和混合功能的开发，塑造静止而充满活力的特色街区。临水地块尺度控制在 100~150m 范围内，临河建筑高度控制在低、多层，并确保建筑主要立面面向运河，地块开发整体采取商业与居住相结合的模式。

（2）塑造和而不同的杭运形象。对运河两岸的建筑风貌进行整体管控。一般景观风貌地区，根据河道的特色与景观价值，以山水湿地的江南底蕴为基底，对建筑风貌和色彩进行管控。重点景观风貌地区，应进行城市风貌深化研究，体现场所的独特韵味，成为运河沿线的点睛出彩之处。

（3）打造水陆相望的观景系统。基于当前的远眺体系，结合视觉分析，打造河湾观景点、地标观景点、山体观景点三种不同的观景点，严格控制河湾观景点周边的建筑形态，以确保河湾观景点拥有广阔的视角；严格控制山体观景点周边建筑高度，原则上不超过山体高度的一半，防止建筑造成遮挡；严格控制地标观景点周边的建筑高度，以突出地标的视觉效果。

（4）优化连接腹地的垂河直街。为更有效地将内陆人流引向大运河，优先建设与运河垂直的活力街道。街道类型以非交通干道和支路为主，路幅宽度不超过双向四车道，且尽可能与轨道交通站点、水上码头、绿道驿站等设施相结合。通过文化艺术元素的植入、街道家具小品的设计、沿街建筑底层界面的提升等手法，打造充满活力的公共空间[①]。

8.1.2 城市生态空间专项规划：以上海为例

生态空间专项规划以协调国土空间保护与利用之间的辩证关系，形成保护中利用、利用中保护的空间秩序为主要目标，对国土空间总体规划中生态空间领域的各专项系统、格局、管制措施等进行深化和延伸，是推动生态系统与其他子系统融合发展、强化

① 杭州市规划和自然资源局，杭州市规划设计研究院．杭州大运河国家文化公园规划 [Z]. 2022.

资源高效配置的重要顶层设计。上海市生态空间专项规划延续了“上海2035”总体规划中“以人为中心”的价值观念和内涵式发展的规划思维，构建了具有地方特色的系统框架、价值导向、空间布局、管理模式、传导机制，是上海在新发展阶段探索国土空间高质量发展的重要规划实践成果。

1. 打造具有地方特色的规划结构

对于超大、特大城市，生态空间既是承载各种类型生态功能的物质载体，如生态涵养、生态休闲、都市农业等，也是人与自然、城市与乡村、保护与建设协调发展的重要空间，是维护国土空间安全的自然依托。因此，统筹城乡生态资源、统筹空间用地功能、推动国土空间保护利用更加可持续，需要一套系统化、精细化的规划框架体系。

一是形成“目标—指标—空间—策略”逻辑闭环。按照“目标—指标—空间—策略”的逻辑结构，首先根据上海的自然基底与城市特征，对其生态韧性城市总体目标进行了细分，确定了公园城市、森林城市和湿地城市这三个子目标，进而，强化从规划目标到空间策略的逻辑联系，将三大目标愿景转化为三大类十七项可感知、易测量的核心指标，并提出与规划目标指标相匹配的空间结构和发展策略。最后，通过规划指标体系监测，实现对规划实施成效的合理评估（图8-2）。

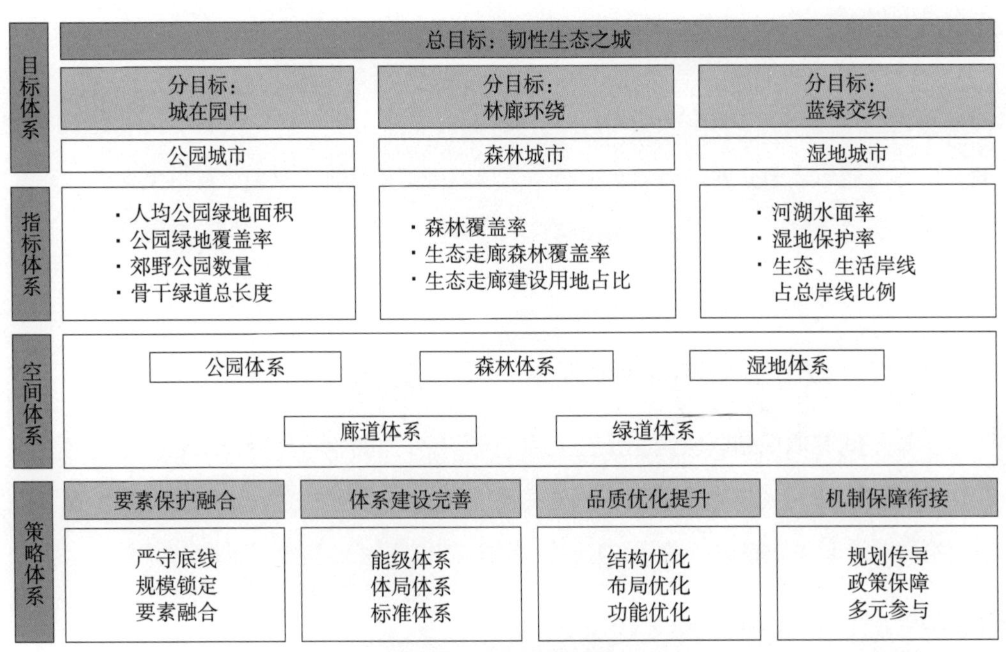

图8-2　规划逻辑框架图

二是形成战略导向和实施导向并重的成果体系。遵循山水林田湖草沙生命共同体的理念，生态空间专项规划提出了生态要素、空间要素、城乡要素综合统筹的思路，确立了“1+7”两个层面的成果体系（图 8-3）。

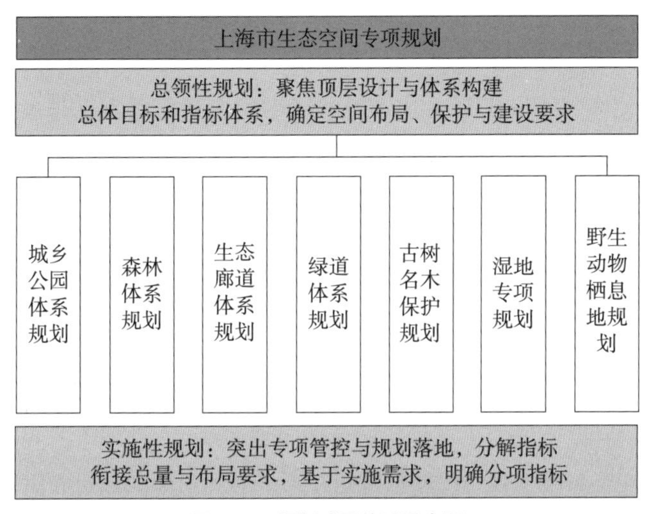

图 8-3　规划成果体系示意图

其中，“1”为总领性的生态空间规划，其在规划体系中发挥战略性、结构性、系统性的作用，通过政策意图的传导凝聚愿景共识，是体现公共价值取向、刚性管控作用的顶层设计。总领性规划从区域—市域—主城区三个层面划定空间格局，明确生态空间发展愿景、空间布局、体系框架、指标要求等，明确生态空间管控、保护、建设要求（图 8-4~ 图 8-6）。

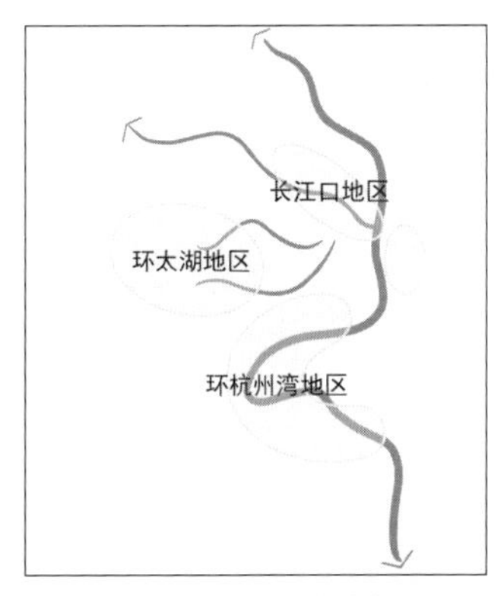

图 8-4　区域生态连接图

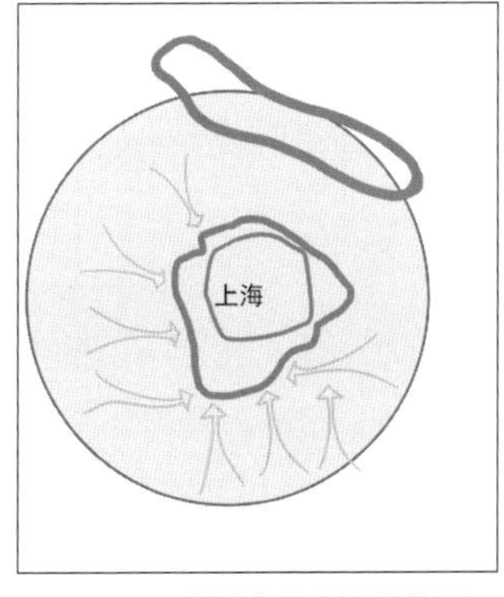

图 8-5　市域生态空间结构图

图 8-6　主城区生态空间结构图

“7”代表了实施性的专项子规划，涵盖了城乡公园、森林、湿地、野生生物栖息地、古树名木、生态走廊和绿色步道等多方面内容。其以实施落地为导向，衔接总领性规划中的规模总量和布局要求，以分项系统特征作为分解指标的依据，明确各项建设要求和管控图则，推动规划由传统的“蓝图式”生态用地规划向生态空间综合治理规划转型。

三是响应韧性生态城市目标的支撑结构。空间支撑结构应当与规划的目标策略保持一致。专项规划根据上海的空间构成特征，将其生态空间体系进一步细分为“城乡公园、森林、湿地”三体系和“廊道、绿道”两网络。其中，森林体系承担着超大城市韧性生态基础的支柱功能，湿地体系承担着生态调节、防洪排涝等生态功能，公园体系承担着满足市民对于美好生活的向往、提高城市人居环境品质的功能。廊道与绿道两大网络融合，将全域的三大生态系统有机链接，进一步加强生态空间的结构和稳定性。在保持生态空间体系稳定的前提下，规划进一步从能级体系、规模体系、建设标准、服务半径、重点地区和品质提升等多个维度，完善了三个子体系的内涵和建设要求（图 8-7）。

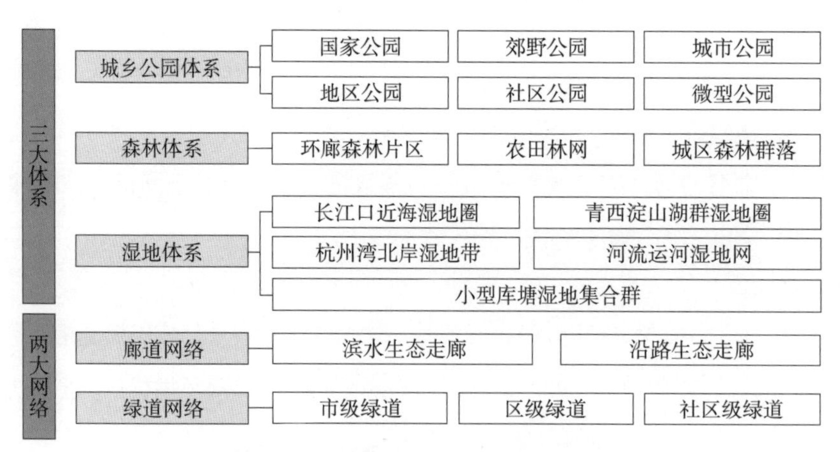

图 8-7　生态空间“3+2”支撑结构规划图

2. 坚守人地和谐共生的核心理念

尊重自然、顺应自然、保护自然，既要满足市民对幸福生活的需求，又要保护动植物自由栖息。寻求人与自然和谐共生的高密度超大城市空间规划建设方案，对于落实生态文明战略、推进美丽中国建设、实现高质量发展均有重要意义。

一是保护生物多样性。上海地处长江入海口，盐淡水交汇、海陆接壤，拥有丰富的生物多样性资源。在生态空间规划中，应从生态系统结构入手，依托上海当地野生动物的调查和监测数据，识别生态源点、斑块间物种迁徙和生境物质信息交流的断点，着力构建多尺度生物友好型廊道体系，改善陆海之间、流域水系之间、重要生态系统之间、源点与斑块之间的连通性，以解决超大城市自然景观破碎化和保护区域孤岛化的问题，完善全域生态系统格局。

二是推动生态资源公平共享。良好的生态环境是人民群众的共有财富，是最公平的公共产品、最普惠的民生福祉，生态空间规划应充分体现规划的公共政策属性，最大限度地保障公众利益，因此从服务能级供需匹配角度出发，构建与都市圈—城镇圈—社区生活圈相匹配的城乡公园体系。结合市域格局布局 30 余个田园型、森林型、湿地型郊野公园，以满足市民郊野休闲需求，为市民打造原生态的游憩空间。充分考虑市民的可达性和体验感，通过人均公园绿地指标、公园绿地半径覆盖率等指标的逐级传导管控，确保生态资源和生态产品配置公平性，并要求所有绿地执行控制线纳入指标监控的单位规划层面。 在社区公园无法覆盖的局部区域，充分利用城市“金角银边”，见缝插绿、精确织补，结合绿地、街头广场、公共设施架空层等，打造一批 400m^2 以上的口袋公园、嵌入式绿地。

三是激活生态功能复合价值。强化生态空间的功能复合化布局，推动设施嵌入、功能融入、场景代入，以服务人群的画像特点为重点，增强绿化空地的复合性、活跃性，以满足市民立体、多层次、个性化需求的文化、体育、智慧、科普教育等多元需求。强化生态空间的一体化布局，即在不同功能空间中注入生态这一媒介，促进城区、园区、街区、校区、社区、乡村等生态品质的提升，使空间功能属性与生态资源相互融合，形成绿色空间的优质组织模式，如产业园可以生态空间助力营商环境优化，形成办公、休闲、交流于一体的室内室外环境。

3. 强化“四类六区”分级分类管控

建立生态空间的分级分类管控体系，不仅是为了严格保护各种生态资源、控制各项建设活动，更能有效强化生态功能、提高环境质量，从而提升生态价值对区域转变的激活和推动作用。

一是结构性生态空间的分区指引。坚持“多中心、有机疏散”的空间布局导向，遵循“上海 2035”总体规划提出的总体空间格局，构建多层次、成网、功能复合的

"双环、九廊、十区"市域生态空间体系，强化生态基底功能，提升绿色发展质效（图 8-8）。

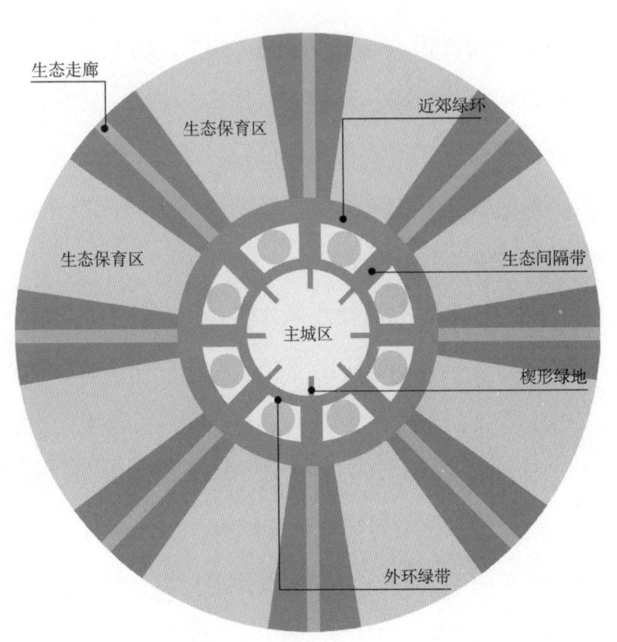

图 8-8 市域"双环、九廊、十区"生态空间布局示意图

基于"双环、九廊、十区"结构，进一步将市域生态格局划分为六大生态分区，建立分区精准指导体系，强调发展导向和政策针对性。其中，楔形绿地旨在构筑中心城大型绿色开放空间，外环绿带旨在锚固中心城空间边界、市民郊野森林游憩空间，近郊绿环旨在锚固主城区空间格局，市级生态间隔带旨在促进主城片区组团间隔发展、成为链接周边城镇三生融合的绿色载体，市级生态走廊旨在提供市域生态骨架、野生动物迁徙通廊和自然郊野游憩空间，生态保育区则是全市基底生态空间和农业保护集中区。规划通过明确各分区的主导功能与兼容性功能，对其资源要素配置、空间形态塑造等落实差异化引导管控，从而维护城市生态空间的整体结构与发展秩序（表 8-2）。

结构性生态空间分区导向表 表8-2

生态分区	楔形绿地	外环绿带	近郊绿环	市级生态间隔带	市级生态走廊	生态保育区
功能定位	中心城大型绿色开放空间	锚固中心城空间边界、市民郊野森林游憩空间	锚固主城区空间格局	促进主城片区组团间隔发展，成为链接周边城镇三生融合的绿色载体	市域生态骨架、野生动物迁徙通廊、自然郊野游憩空间	全市基底生态空间，农业保护集中区
规划导向	以大型绿地建设为主导方向，融合城市周边功能	促进成环成网，提升森林质量，实现外环绿道全域贯通	保障连续贯通，促进生态修复	促进生态修复，提升生态资源价值	提高生态服务功能，促进林地、湿地资源空间聚集	保护耕地，促进增加耕地集聚度，提升耕地质量
空间区位	城市开发边界内	主要开发边界内，部分开发边界外	城市开发边界外	城市开发边界外	城市开发边界外	城市开发边界外

续表

生态分区	楔形绿地	外环绿带	近郊绿环	市级生态间隔带	市级生态走廊	生态保育区
要素构成	建设用地为主	林、水、绿为主，点状配套设施	农、林、水、建设用地	农、林、水、建设用地	农、林、水、建设用地	农、林、水、建设用地
管控指标	绿地率	绿地率	森林覆盖率、建设用地占比	森林覆盖率、建设用地占比	森林覆盖率、建设用地占比	水农集中度

二是刚弹结合的兼容分类管理。坚持生态优先、绿色发展的原则，综合评价生态功能重要性、生态环境敏感性、开发利用适宜性，将市域生态空间分为四类，实施刚弹结合的分类管理。其中，生态保护红线范围内的生态空间为一类和二类空间，城市开发边界以外的生态空间为三类空间，城市开发边界以内的重要结构性生态空间为四类空间（图 8-9）。

图8-9 上海市生态空间分类规划示意图

生态空间的刚性管控强调对生态资源和生态安全的底线性保护。规划综合评价了生态功能的重要性、敏感性和服务价值，划定了陆海一体生态保护红线，并在下位规划传导落实中严守生态保护红线的刚性管控，对不符合保护导向的土地利用方式和人为活动，坚决禁止和调整退出。

生态空间的弹性管控强调兼顾发展与保护，通过优化生态要素布局，提高生态效益。规划中划定的三类、四类生态空间作为限制建设区，可在不压缩生态空间规模、不破坏系统格局的前提下，由下位规划在深化实施过程中进行局部优化调整。同时，为提高规划管控弹性，可实行“约束指标 + 分区准入 + 地类管理”的管控办法，综合考虑项目类型、用地规模、建筑高度、环保要求等，提出差异化的准入条件。

三是把握保护利用的动态平衡。了解生态系统动态变化的客观规律，梳理海洋、海岛、河流湖泊、城市型农田和近自然森林等生态系统的内部作用机理，合理引导、统筹各项国土空间开发利用与保护修复活动，确保生态系统的完整性和系统性。充分挖掘生态资源的价值特性，探索多样化的生态产品价值实现路径，将生态资源的环境优势转化为生态产品的价值体现，通过价值来促进其保护，通过保护来提升其价值，构建生态空间的良性保护循环机制，实现空间资源要素的高效配置与合理利用。

4. 完善规划全时空实施传导路径

在实施更加可持续的生态空间规划框架时，我们面临着从规划制定到管理的多重挑战。为了实现这一目标，我们需要从全维空间和时间的角度去探索规划的传递路径，确保其具有系统性、战略性和“多规合一”的平台功能。

一是强化规划的降尺度逐级传导。在市级专项规划尺度，侧重明确生态空间的框架结构和分类、分级管控标准，通过规划体系、指标体系、管理体系和政策体系设计，构建完整的规划管控体系。在单元规划尺度，针对主城区和新市镇不同的发展定位与空间特征，细化生态空间占比、水面率、森林覆盖率、人均公园绿地等规划指标，深化“3+2”生态空间支撑体系的空间落地和细节要求。在地块规划尺度，更加强调生态保护与市场配置之间的均衡，分解落实上位规划的刚性控制线和总量管控指标，细化生态用地布局、要素管控、形态肌理指引等，确保上层规划的生态底线控制与实际的保护、建设、开发和利用相协调，为项目的准入提供明确指导（8-10）。

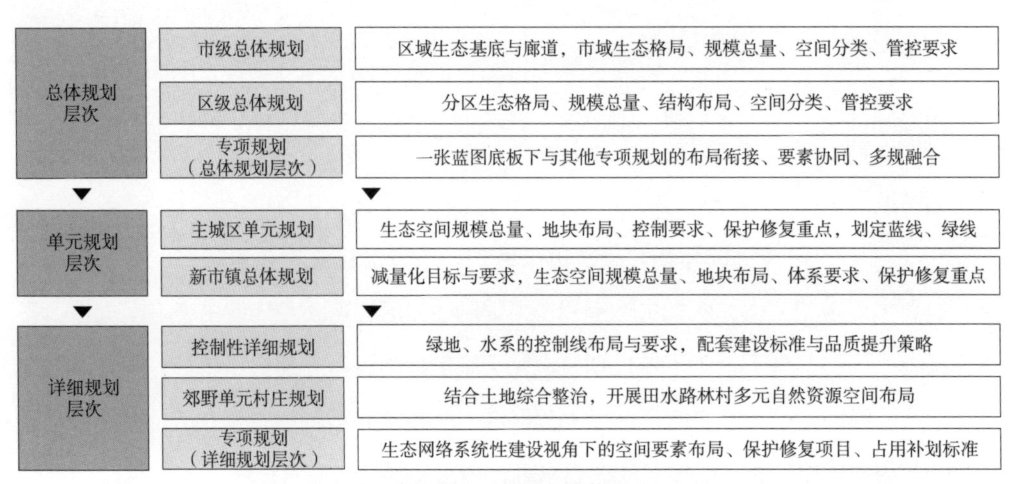

图 8-10 规划传导示意图

二是探索全周期运行维护机制。为了将规划目标转化为实际行动并有序推进实施，规划细化了“3+2”体系的近期目标指标、重点建设区域和行动项目，确保了总体框架在分区和分期层面的落实和响应，从而有效地指导各区的“十四五”生态空间规划编制。同时，为适应发展中的不确定性，考虑到长期的刚性管控效力和分阶段实施中的弹性需求，建立规划动态更新机制，形成规划编制、近期行动、监测评估、规划调整的闭环运行模式。

三是形成全域全覆盖图则管控模式。为解决生态空间管控实施落地难的问题，以实施层面的精细化管理需求为牵引，衔接市域整体生态空间格局，按照行政区、生态网络分区、具体环廊三个层次分别制定生态管控图则。在生态管控图则中，将核心指标和关键要素细致分解，辅以精准的管控分区和控制线，实现生态空间规划管控的全面覆盖和精准指导，确保“一张蓝图干到底”[①]。

8.2 特定领域类规划

8.2.1 绿地系统专项规划：以杭州为例

《杭州市绿地系统规划（修编）（2021—2035 年）》的目标愿景为：顺应生态文明时代的价值导向，适应国土空间规划变革要求，以争当“浙江高质量发展建设共同富裕示范区的城市范例”为指导，以建设具有杭州特色的公园城市为目标，以国家生态园林城市为准则，以“江、河、湖、山、田”城市生态基础网架为依托，构建系统完善、生态安全、全民共享、服务均好、功能健全的城乡绿地系统；把杭州打造成为具有江南韵味 / 国际魅力的公园之城。

规划策略为：打造“两圈一网络”（自然生态圈 + 绿意生活圈 + 串联网络），做好山边、水边、路边、城边和身边绿地建设，提供更多优质生态产品，满足人民日益增长的优美环境需要，践行杭州的绿色之路、美丽之路、幸福之路。具体而言：

---

① 王彬，金忠民，陈圆圆．“上海 2035”总规指引下上海市生态空间专项规划编制研究 [J]. 上海城市规划，2023（2）：52-59.

山边的规划策略包括：保护山体，加强山体景观营造；建设山地公园，满足居民休闲游憩需要；建设登山绿道，丰富健康生活；控制山体周边用地开发，营造望山视廊。

水边的规划策略包括：严格控制滨水绿带，打造滨水活力空间；整治溪、江、湖、河边岸线，重塑生态岸线；加强滨水绿带贯通，展现江南水乡风貌；建设各类水景公园，满足市民休闲游憩需求。

路边的规划策略包括：重视道路绿化，加快推进林荫道建设；加强沿路绿地建设，打造绿色交通风景线；建设网络化的慢行绿道，打造最美漫步回家路。

城边的规划策略包括：营造宜人的入城口景观；建设类型丰富的郊野公园，满足居民周末游憩需求；贯通城内外绿色廊道，连通生态网络。

身边的规划策略包括：均衡布局社区公园，打造“十五分钟”绿意生活圈；“绣花功夫”推进居民家门口的小公园建设；多元功能植入，满足多样化需求；建好面广质优的附属绿地（图 8-11、表 8-3）。

杭州绿地系统规划“两圈一网络” **表8-3**

	自然生态圈	绿意生活圈	串联网络
空间载体	开发边界外的区域绿地	开发边界内的公共绿地	城市内外廊道、带状绿地、线性绿地
绿地类型	自然保护地、风景名胜区、郊野公园	城市公园、专类公园、社区公园、游园	四大廊道、带状公园
功能	生态保护、修复为主优化自然生态格局，提高生态功能	民主保障、休闲游憩为主优化城市绿地格局	贯通链接，连线成网，提高系统性、稳定性，效益发挥最大化，1+1>2
核心要求	自然生态、便捷可达	布局均衡、服务均好、开放共享	系统化、网络化、复合化

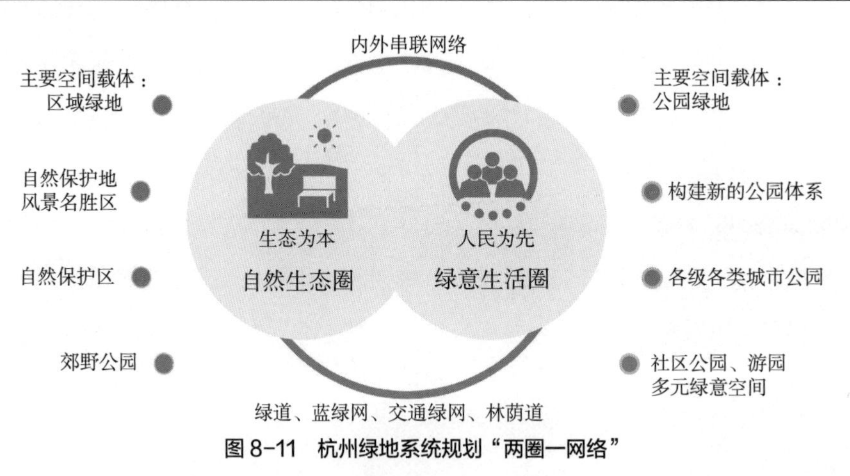

图 8-11 杭州绿地系统规划“两圈一网络”

1. **构筑市域自然生态空间**

构建“蓝心绿底、三江三脉”市域生态安全格局，为城市可持续发展奠定坚实基础。其中，“蓝心”代表千岛湖的生态涵养核心汇水区域；“绿底”代表市域内的山水林田湖生态绿色基底；“三江”指钱塘江—富春江—新安江水系；“三脉”指白际山—天目山、千里岗山—龙门山、昱岭山三条山脉走廊。“蓝心绿底、三江三脉”连通市域重要生态区域、提供生物迁移和维持生境、构筑生态安全格局骨架，是生态环境极敏感的区域（图 8-12）。

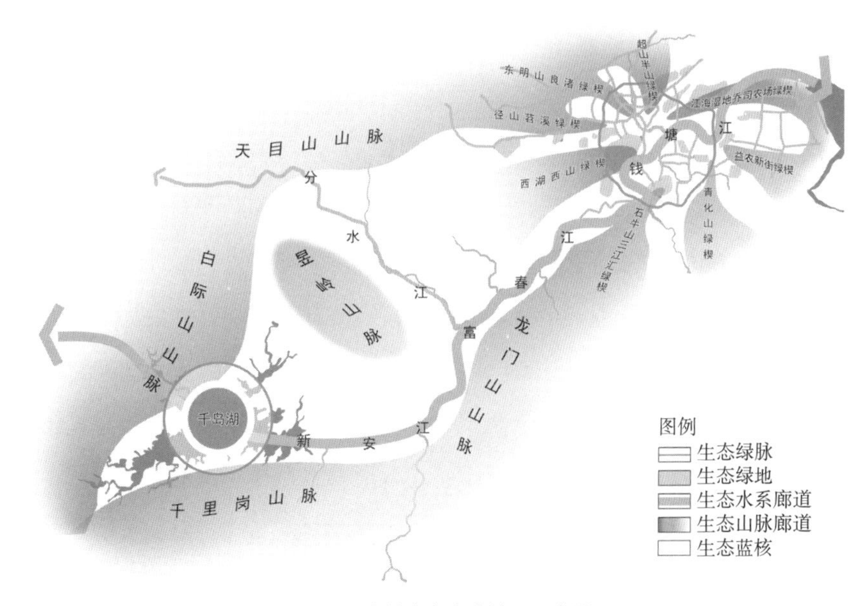

图 8-12 市域生态安全格局示意图

强化生态修复和保护利用。坚守生态安全底线，科学地划定生态保护红线，建立分类管控、逐级衔接的自然保护地体系，对全市的 29 个自然保护地进行严格保护，以增强其生态功能；推进森林生态系统恢复，科学精准提升林地质量，加强矿山地质生态治理和受损山林植被修复，打造大自然天然氧吧。加强湿地生态修复，确保湿地生态系统健康稳定，为杭州绘制新时代“水墨画卷”。

2. **优化中心城区绿色空间**

优化“十心两环、两廊两链、八楔渗入”的中心城区绿色空间布局。其中，十心指绿心引领，延续“城景交融”的城市格局，在现有西湖、西溪、湘湖、良渚等城市绿心基础上，在云城、湘湖·三江汇、丁山湖、东沙湖、阳陂湖、青山湖建设城市新绿心；两环指绿环赋能，建设交通生态游憩双环，利用杭州绕城公路沿线的防护绿带及优质景观资源，以线串点、长藤结瓜，建设环绕城公园群、开放活力带，打造“杭州翡翠项链”，加强杭州都市经济圈环线高速两侧生态空间的控制，结合沿线山水资源，探索建设大型生态公园的可能性，打造杭州都市经济圈环线高速生态绿道；两廊指绿廊树标，打造钱塘江生态景观廊道和运河生态景观廊道，利用新安江、富春江、钱塘江三江两岸生态绿带，结合江中岛屿、沙洲江滩、近江优质景观打造三江两岸综合性生态廊道，完善提升运河两侧生态绿带，结合历史文化遗产保护，建设文绿辉映的大运河国家文化公园；两链指绿链成景，建设嵌入城中的山水风景链，打造城西湿地湖链和萧山融城山水链，为高质量“西优”及“南启”提供生态保障、注入活力；八楔指形成生态包围，楔形渗入的八条生态绿楔（图 8−13）。

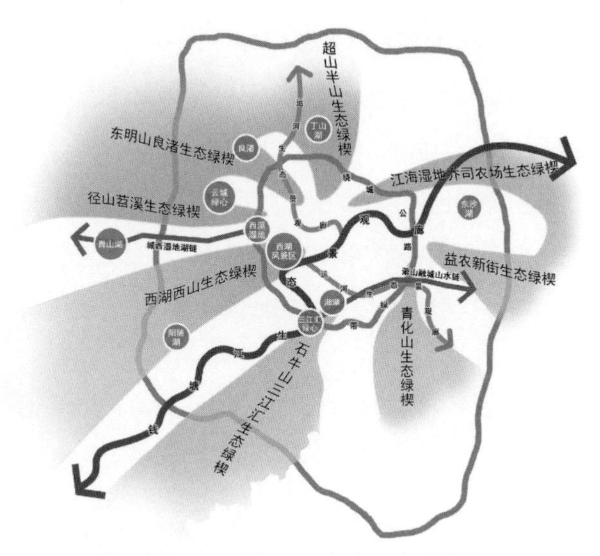

图 8−13　中心城区绿色空间分区布局指引

基于“十心两环、两廊两链、八楔渗入”空间布局，制订中心城区绿色空间分区布局指引策略，其中：

在核心城区注重量质双升：积极推进西湖西溪一体化保护提升，建设钱塘江生态廊道、大运河国家文化公园和绕城公园带；在钱江新城二期、湘湖·三江汇等增量开发为主地区，高质量规划建设各类公园；在存量更新为主区域，重点加快嵌入式公园建设，结合城市更新、老旧小区改造和未来社区建设等，新建和提升一批街心花园，拓展绿色空间。

在九大星城注重人绿匹配：以人绿匹配、品质提升、环境优化为导向，实行绿地建设与人口增长相挂钩，保证人均公园绿地不减少；各星城保障至少有一处文化公园、一处体育公园和一处儿童（少儿）公园。重点发展区域和人口集中增长区域，适当提升标准，超前谋划，做好空间保障，加快绿地建设。

在村镇地区注重均衡覆盖：中心镇配置 1 万 m^2 以上的综合公园一处，绿地率不低于 30%，人均公园绿地面积不低于 $8m^2$，公园服务半径覆盖率达到 70%；一般镇配置 $5000m^2$ 以上的综合公园一处，人均公园绿地面积不低于 $7m^2$；农村地区“一村一公园”，每个行政村至少有一处面积不小于 $2000m^2$ 的公园。

3. 构建城乡四级公园体系

构建“郊野公园—城市公园—社区（村镇）公园—游园”四级城乡公园体系，打造全域共享、服务高效、功能多样的公园结构布局，以提升公园和绿地的服务水平，满足多样化的服务需求，切实提升市民对绿化空间的获得感和幸福感。利用带状滨水廊道和交通通道，串联各级别各类型的城乡公园，并进一步与生态廊道相连通，形成全域覆盖和蓝绿交错的开放空间网络。

4. 打造全域绿廊串联网络

强化廊道规划管控，打造滨水绿廊、交通绿廊、通风廊道、防护廊道四大类廊道，构建网络化、系统化的绿廊体系，按照廊道类型和所在区域，分区分类提出具体管控要求。强化蓝绿网和交通网双网建设，充分利用杭州水网密布的城市特色，对沿江、沿湖、沿河绿地进行严格管控，形成蓝绿相间的空间网络，将核心区“水绿相伴”的景观进一步向外围拓展，加强道路两侧景观绿化带的控制与建设，兼顾生态效益、公共活动和景观需求，打造连续贯通的绿色道路景观[①]（图 8-14、图 8-15）。

图 8-14　四种类型廊道示意图

① 杭州市园林文物局 . 杭州市绿地系统规划（修编）（2021—2035 年）[Z]. 2021.

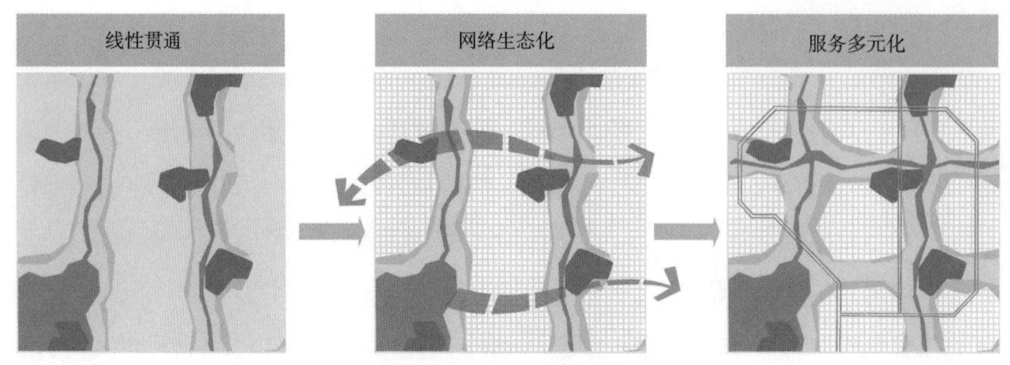

图 8-15 廊道设计管控示意图

8.2.2 风貌系统专项规划：以上海为例

《上海国际化大都市郊野地区风貌设计导则》(以下简称《导则》)包括规划设计和建设实施两个部分，是上海郊野地区建设空间、农业空间、生态空间景观风貌格局塑造与空间管控的总指引。郊野地区地域广阔、功能多样、潜力巨大，是上海国际化大都市发展的重要空间，具有独特的生态人文风貌，充分展现了大都市区江南水乡特色。《导则》重新审视上海郊野地区的发展愿景，从生态、文化、活力、建筑四个方面，重塑上海郊野地区景观风貌，积极探索国际化大都市区城乡空间优化的创新路径。

《上海国际化大都市郊野地区风貌设计导则》的指导目标包括：

一是全方位展示上海郊野的文化基因：由于上海郊野地域范围广、类型多、情况复杂，《导则》划定了冈身松江文化圈、淞北平江文化圈、沿海新兴文化圈、沙岛文化圈四个文化圈，提炼其地形地貌、建筑风格、空间肌理等特点，以“工笔江南”的笔触对四类水乡画境进行了细致描绘(图 8-16)。

二是全场景塑造自然优美的郊野格局：以“水、田、林、路”构筑郊野生态基底，以“宅”延续生活环境和记忆文脉，突出原生态自然风貌和原汁原味的上海郊野乡土景观特色(图 8-17)。

三是多维度提升宜居宜业的场所活力：积极发挥生态、文化优势，培育新业态、拓展新功能、融入新体验，把郊野打造成具有时代特色、体现乡愁、让人向往的“新江南田园”。

四是全过程打造规划建设的管控体系：整合多线部门标准，提供“规划设计”到

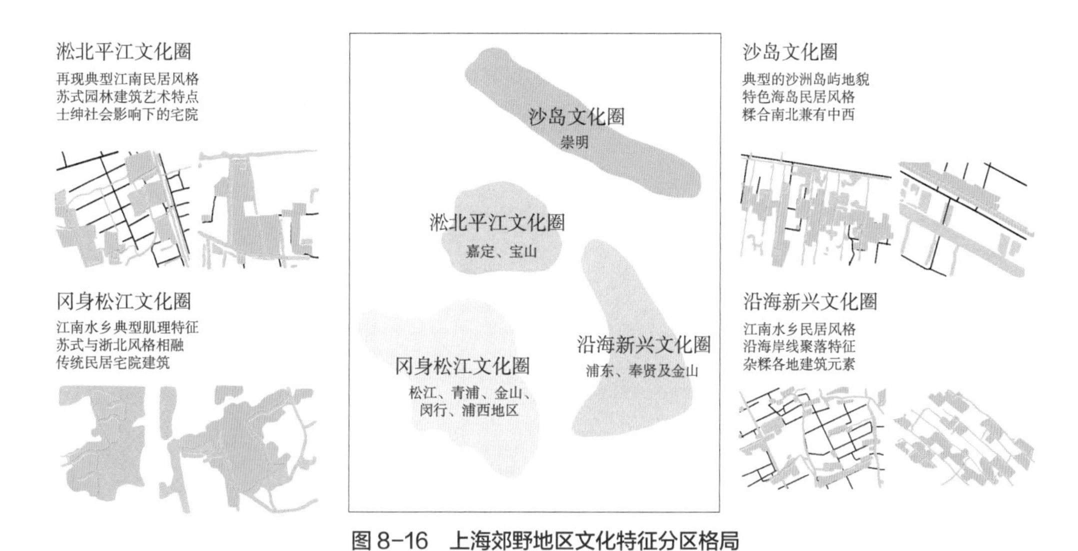

图 8-16　上海郊野地区文化特征分区格局

水——上海自然基底特征首位风貌要素

田——形成大地景观的基本风貌要素

林——体现生态景观的重点风貌要素

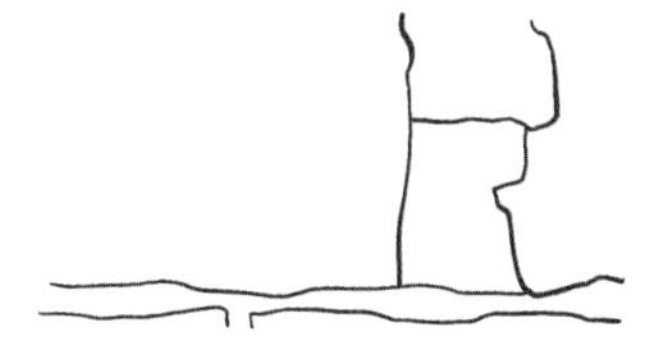

路——进行观景体验的动态风貌要素

宅——人文景观的核心风貌要素

图 8-17　郊野地区重点风貌要素

“实施建设”的全周期、全覆盖风貌指引（表 8-4）。

1. 师法自然，生态重塑

延续具有江南水乡肌理特色的生态景观，重塑都市田园的优美风貌。尊重自然、顺应自然、保护自然，挖掘“山、水、林、田、湖”等特色自然要素，深入实施保育修复，进一步有机组合各类自然要素，扩大规模、优化形态、提升质量，构筑大都市区郊野地区广阔丰富的生态基底，突出“绿水相依、田林相伴”的原生态自然风貌和原生态乡土景观特色（图 8-18）。

全生命周期的风貌规划管控系统　　表8-4

生态重塑

分目标	控制引导指标分项
以水为脉	河道宽度、走向
	水面率
	河道基本肌理
	缓坡设计驳岸最小坡岸比
	河道两岸生态驳岸占比
	水质和垃圾清理频率
以林为肌	生态缓冲林带控制距离
	主要风向林带最小宽度
	防护林乡土树种种植最小比例
	林中慢行休闲道最小宽度
	树种（高度、颜色、树叶类型）
以田为底	农田斑块与水系形成空间组合
	田边林带宜采用树种类型
	基本农田规模
	农田最小规模
	农田种植类型要求
以路为骨	道路等级
	宅间路最小宽度
	道路两侧种植要求

文化传承

分目标	控制引导指标分项
空间肌理	小型聚落街道高宽比
	街巷两侧建筑高度
	街巷两侧植被要求
	基本停车场地间距要求
	停车场地选址及规模
公共环境	小型公共空间适宜的用地规模
	公共空间设置数量
	公共空间配置基本设施

活力激发

分目标	控制引导指标分项
公共服务	每千人公共服务设施建筑面积
	公共服务配套设施
	公共服务设施服务半径
	设施动态变化兼容要求
基础设施	基本市政配套设施
	生活垃圾收集点覆盖户数
	智能设施配套建议

建筑营造

分目标	控制引导指标分项
村宅院落	院落空间组合设计建议
	院落适宜占地面积
	院落硬质铺装与绿地占地
	院落立面围墙材质设计
	重要道路标志及设施配套
道路门户	道路铺装材质设计
	行道树种植树种及类型
	建筑屋顶、墙面及材质搭配
建筑材质	屋宅立面使用色彩搭配
	建筑智能化、乡土化材质清单
	建筑占地面积
建筑造型	屋顶坡度控制
	屋面材质及檐口高度控制
	建筑门窗比控制
	院墙高度与实墙高度建议

生态重塑

师法自然
生态筑底

保护生态基底
整合自然资源
营造江南画境

以水为脉

延续格局特色
延续河道走向
优化湖泊形态
鼓励退塘还湿
构筑生态驳岸
修复生态群落

以林为肌

优化林地布局
改善林地景观
构建生态群落
适度开放共享

以田为底

严守底线规模
优化农田肌理
构建农田林网
鼓励特色种植
保持田园洁净

以路为骨

构建路网体系
老路存续利用
新路依景而行
路幅宽窄相宜
路面明快朴素
种植沿路成景

图 8-18　生态重塑的整体策略

一是以水为脉。加强各类水体的生态环境保护修复，延续水域空间的网状肌理，加强水质净化和水岸空间营造，呈现蜿蜒曲折、纵横有序的江南水乡特色景观（图 8-19）。

二是以林为肌。以水网系统为依托，构建大规模、多层次、网络化的平原森林体系，塑造彰显地域特色的林地风貌，适度引入休闲游乐活动，丰富林地功能，做到“有水则有林”“宅旁伴有林”（图 8-20）。

三是以田为底。在严格保护永久基本农田与耕地的前提下，鼓励田林交织、多元种植，形成各具特色的肌理景观，打造种植方式多样的魅力农地（图 8-21）。

保持、恢复河流的自然走向和优美形态

尊重原有的走向形态。市域支级河道整治，应尽量保留或恢复河道的蜿蜒形态，不宜过度截弯取直。

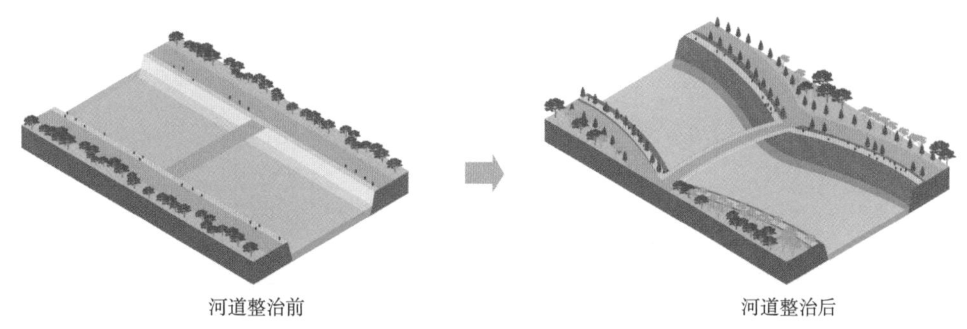

图 8-19 河道整治策略

加强各类林地建设

完善江海防护林带，推动建设通道林，如道路防护林、铁路防护林、高压线走廊防护林、河道防护林等，完善水源涵养林。

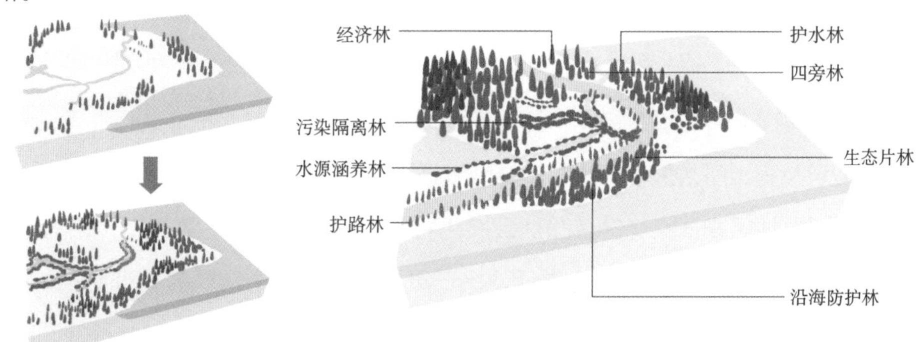

图 8-20 林地建设策略

优化农田肌理

大田和小规模耕地形成不同的肌理景观。

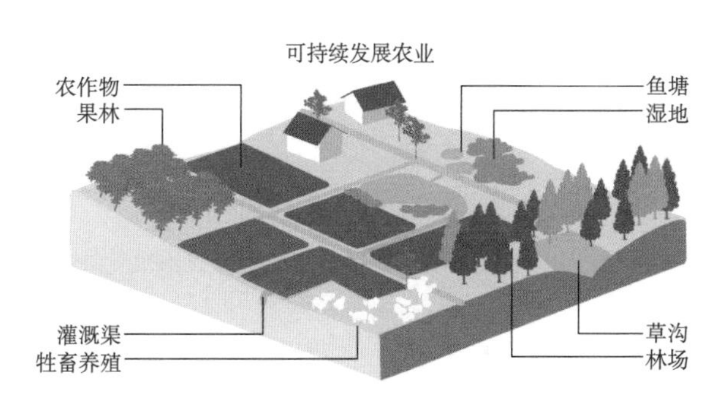

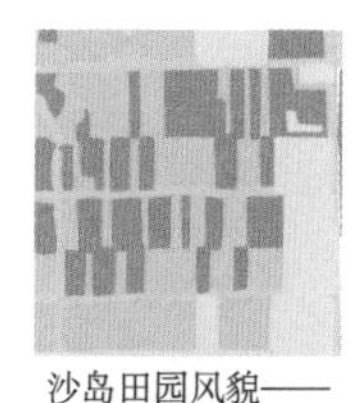

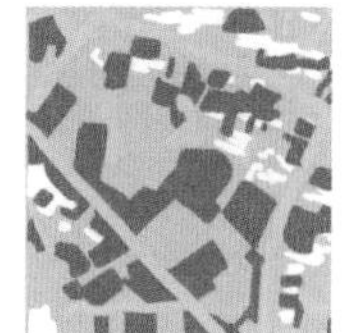

图 8-21 农田建设策略

四是以路为骨。尊重自然环境和聚落格局，形成层次分明、布局合理的路网体系。将道路与郊野环境充分融合，在满足交通功能的基础上，精心塑造郊野道路景观，实现景路相依（图 8-22）。

线形考虑与现状景观资源的关系，自然优美，遇景则弯

对景方式
道路线形正对建筑、树林、山坡等景观资源，形成良好的观景视线。

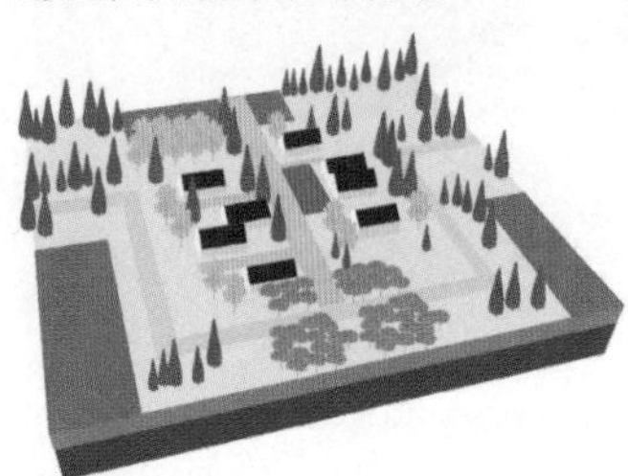

展景方式
道路边侧具有良好的景观资源，可降低行道树种植密度，或设置观景平台等。

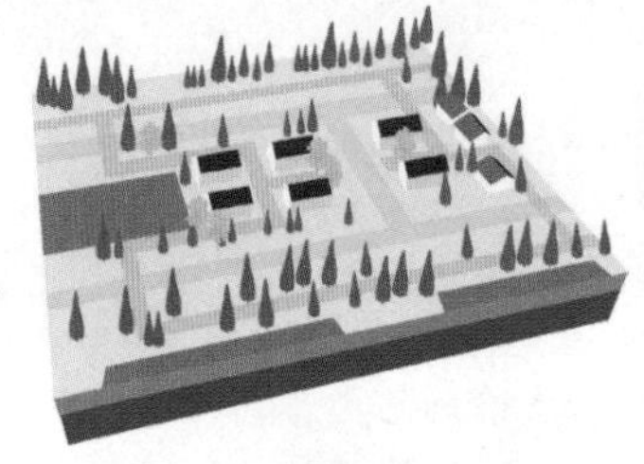

让景方式
道路线形弯曲避让景观资源，或车道分开，形成景在路中的效果。

图 8-22　道路线形引导策略

2. 传承文脉，守正创新

体现具有上海大都市特色的郊野文化基因，形成具有江南特色的人文气息。深入挖掘整理郊野地区物质文化特色和社会文化特色，加强对代表上海乡土文化的历史记忆、生活习俗、建筑技艺等遗产的传承，提炼具有上海大都市特色的郊野文化基因，塑造“新江南田园”风貌，体现乡土文化特色、培育江南文化载体（图 8-23）。

一是重塑肌理格局。延续与强化特色空间肌理，强化郊野建筑与水系网络的依存关系、与自然环境的和谐辉映，展现“临水而居、田宅相映”的特色格局（图 8-24）。

文脉传承

水墨江南传承创新

格局灵动婉约
建筑传承创新
风格天然质朴

空间肌理巧而美

临水而居
宅在田中
街密巷幽

公共环境朴而洁

河道灵秀，街巷蜿蜒
节点挖潜，连通成网
绿意盎然，树种本土
设施简洁，铺装天然
天然艺术，融入环境

传统文化承而兴

充分挖掘文化内涵
传承活化非遗技艺
共同践行村规民约

图 8-23　文脉传承的整体策略

宅田相映

延续自然形成的“宅在田中、田在宅旁”的错落格局。

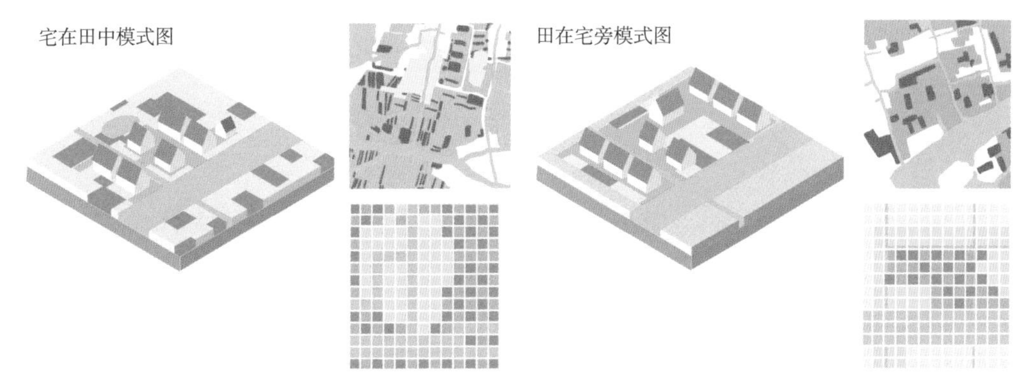

图 8-24　宅田相映格局示意图

二是提质公共空间。尊重历史基因，保持以河塘水系、街巷为脉络的系统结构，结合微空间创建和公共环境艺术创新，打造与现代功能活动相匹配的活力节点，形成人文荟萃、底蕴深厚、尺度宜人、环境整洁的公共空间（图 8-25）。

节点挖潜，连通成网

利用公共区域和通过各类空间梳理，增加不同等级的各类微空间，并与乡村绿道、水系、街道等相衔接。

图 8-25　公共空间挖掘策略

三是繁荣传统文化。积极活化利用，充分挖掘非物质文化遗产、传统手工艺、农耕文化等资源，打造以江南文化为主的上海郊野文化 IP。结合公共建筑、公共空间等，搭建展示民风民俗的重要场所和民间文艺活动平台，推动传统文化的创造性保护与创新性发展。

3. 城乡融合，激发活力

植入符合郊野特点的新业态、新功能，构建全覆盖、均等化的公共活动体系，强化弱势群体基本公共服务保障，丰富郊野产业结构，衔接大都市发展对郊野功能创新的要求，形成既能体验郊野生活、又能承接都市功能发展的郊野区域，打造大都市特有的城乡融合发展格局。

一是公共服务以人为本。打造全龄共享、全域覆盖的公共服务保障体系，拓展农村特色商业、旅游、创业等社会服务，增强农村社区的归属感和幸福感。结合社会治理现代化改革，探索社区服务动态化配置和管理模式，合理、灵活、差异化配置公共服务资源。

二是推动产业创新升级。积极推进第一、第二、第三产业融合发展，稳定农业生产功能，突出生态功能，丰富生活文化功能。强调创新发展传统产业，培育区域特色，增强经济实力。积极利用郊野地区空间环境好、成本低、空间活跃等优势，承接大都市创新性产业转移，培育适宜的新型特色产业。

三是助力文旅深度融合。充分发挥郊野地区在生态环境和文化积淀方面的优越性，致力于探索融合文化、生态和农业的综合旅游体验，打造独具特色的旅游休闲目的地（图 8-26）。

4. 建筑营造，工笔江南

引导具有本土特色与郊野风情的建筑建设，打造林田环抱、绿水相绕的魅力宜居聚落空间。挖掘江南水乡民居传统建筑元素，结合时代风貌与现代技术进行传承创新，建

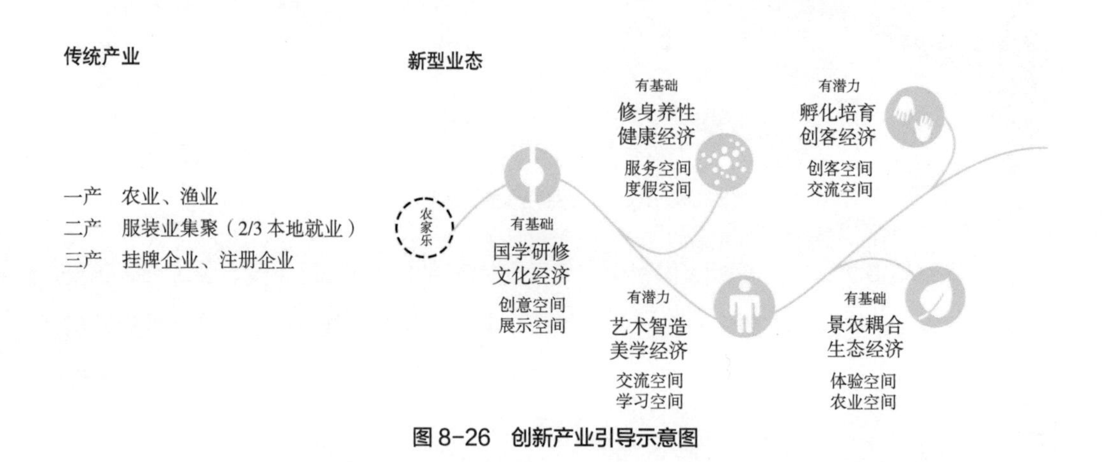

图 8-26　创新产业引导示意图

成既能体现传统元素，又能满足现代功能和审美需求的上海郊野建筑。

一是聚落绿植相依。将建筑布局与农田绿化紧密结合，在农田与建筑交接处种植灌木，在以大片农田为前景的居民点前种植高大乔木。

二是院落层次分明。从安全、服务、观景三方面需求着手，开展庭园风貌整治，形成立体、丰富的院落外立面景观。合理布局内部庭院空间，加强门厅设计和空间隔离，形成移步异景、咫尺重深的视觉效果。

三是建筑分类引导。按照“评估—分析—引导”的逻辑，深入挖掘传统建筑元素，提炼建筑风格类型，按照左右型、上下型等对建筑设计进行分类指导，强调坡面为主、立面简洁、色彩淡雅。

四是点亮公共建筑。加大对公共建筑、公共设备和公共场所的建筑设计指引，确保从建筑形态、细节构件、场地景观等多个角度展现出独特的地域文化风格，并与整体环境完美融合①（图 8–27）。

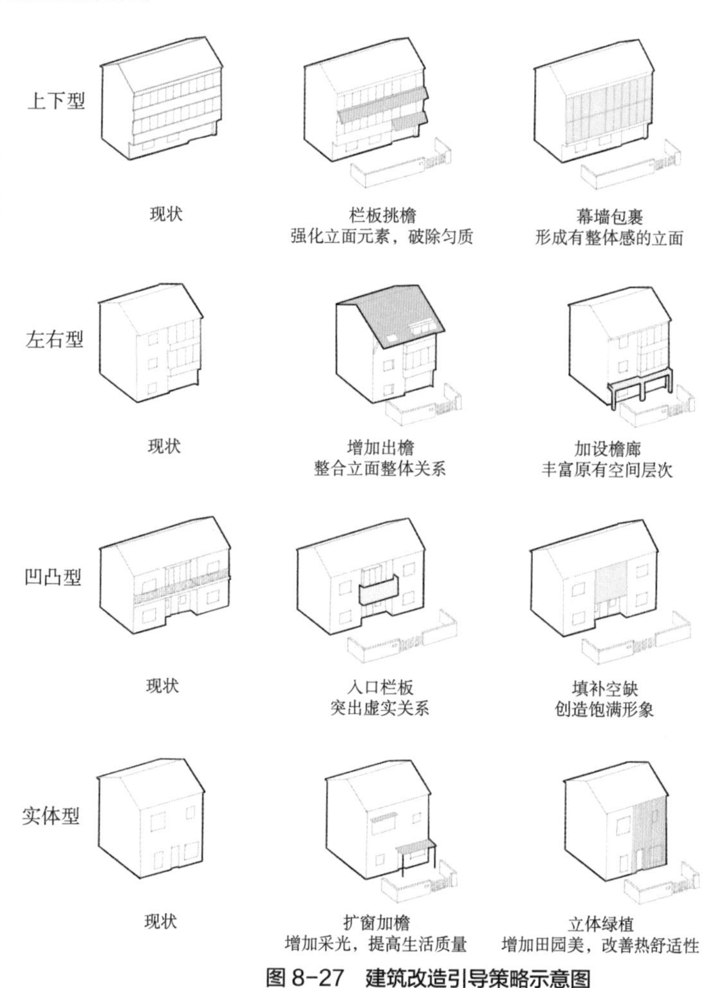

图 8–27 建筑改造引导策略示意图

① 上海市规划和自然资源局 . 上海国际化大都市郊野地区风貌设计导则 [S]. 2018.

9

基于土地发展权管控的规划设计实施传导政策工具

9.1 城市化地区的规划设计实施管控方法

9.1.1 基于产权重组的实施管控方法

1. 面向土地重划的特别意图区划设计

（1）重划特别意图区的确定。参考国内外经验，在详细规划中土地重划特别意图区的确定宜以“法定赋权+协议赋权”两种制度上下结合的方式进行①，一方面，在详细规划的单元规划层次，根据区域综合评价结果与政策性主导功能单元的认定，在存量提质型单元中根据单元的具体定位，结合各专项及重点项目库投放计划，差异化地确定不同类型的土地重划特别意图区的空间范围；另一方面，在详细规划的地块规划层次，根据城市更新原产权人或市场主体的自主申报，按照项目深化方案划定土地重划特别意图区的四至坐标，以“一上一下”两种划区方式，统筹自上而下的责任管控与自下而上的利益创造两种力量。土地重划特别意图区的四至落实，需结合不动产登记的确权工作，梳理土地、规划、建设审批档案，明确区域内的产权关系，建立违法违章建设底账和夹心地、插花地、边角地管理台账，为确定重划特别意图区的类型和重划方式夯实基础。

（2）重划特别意图区的类型。根据历史违法用地数量、产权关系梳理的制度成本（土地产权破碎度）将重划特别意图区分为三种类型，对应不同的土地重划模式。①土地整合型：适用于零星地不多但违法建设较多的情形，由政府作为主导者组织协调权益人和市场方进行土地重划，通过制定历史用地处理、土地归宗、土地分宗、土地置换、土地权属变更等方面的政策细则，采取土地确权税征收或更新后用地分成及公共贡献要求等制度，重置历史遗留违法用地和违法建筑的法律产权关系，降低区域内土地发展权重新整合的制度成本。②强制购买型：适用于零星地和违法建设都较多的情形，由政府作为市场方对特别意图区内土地的发展权进行整片收储，在经过资源空间重组、产权重置和改良增值后，将土地发展权以让渡或租赁的形式转让给开发者，政府应建立健全评估、补偿、安置等各类配套法规规章，形成公开、公正、透明的确权、征收、补偿制度。③灵活调整型：适用于违法建设不多但零星地较多的情况，由权利人和市场主体

① 周显坤 . 城市更新区规划制度之研究 [D]. 北京：清华大学，2017.

在特别意图区的框架内自行组织进行权属分割、主体变更、主体联合、更新改造、市场经营及增值收益分成，该模式充分考虑土地产权人的意愿，有效发挥基层自治组织的能动性，可结合街巷长制等制度形成自组织动态更新的长效机制。

（3）重划特别意图区的政策。参考国内外土地重划工作中对土地发展权调控与土地发展性收益分配的相关经验，重划特别意图区的主要政策可以“三块地”为主体，即返还地、留用地、公益地。其中：①返还地，体现土地重划中的土地发展权保值返还原则。在土地重划前后分别对原权益人在再开发区域内持有的土地、建筑物和租赁情况进行资产评估和土地发展权估值，按照土地发展权等值返还原则，将产权面积缩减但单位面积土地发展权价值提升的不动产返还给原权益人。②留用地，体现土地重划中土地发展权的直接增值部分依贡献分配原则，通常因为资源空间重组、历史产权重置和改良增值，重划特别意图区整体的土地发展权价值会有所提升，其直接升值部分体现为经营留用地不动产价值，依据不同重划模式的贡献度在政府方、市场方和原土地权益人方之间进行差异化分配。③公益地，体现土地重划中土地发展权的间接增值部分反哺社会原则，土地重划特别意图区中的土地发展权升值实质来源于规划政策在局域的特许制度带来的土地产权重整的制度成本和交易成本降低，因而重划特别意图区通常需要将一定比例的用地用于政策性住房、公共服务设施建设等公益用途，作为一种局域规划特许制度的对价与利益还原。

2. 面向闲置盘活的动态规划许可设计

土地重划特别意图区设计主要针对产权在空间维度的二次调控整合，而动态规划许可制度设计则主要针对产权在时间维度的二次调控整合。为应对存量用地中土地发展权兑现不合规、兑现不充分、兑现价值不佳等问题，应将土地发展权的一次性让渡机制（规划许可与土地出让）转变为更加灵活和过程可控的动态让渡机制，在详细规划的特定政策性规划单元设计动态规划许可制度，使政府通过详细规划编制与规划许可制度参与的土地发展权调控能贯穿于土地使用的全生命周期，以适应城市发展不确定性带来的规划实施环境变化。

动态规划许可制度主要在更新改造型单元以及重点（特色）产业计划型单元实行，对应低效用地的三类问题——利用效益低效、开发强度低效、用途配置低效。动态规划许可制度分为三种类型：带绩效考评许可制度（应对用地利用效益低效）、不完全产权许可制度（应对用地开发强度低效）、弹性年期制许可制度（应对用地用途配置低效）。具体而言：

（1）带绩效考评许可制度。为应对土地开发利用符合相关政策、开发利用强度合理但用地效益低下的情况，创设附带绩效考评要求的控制性详细规划许可制度，对于土地出让后的土地发展权价值实现情况设定最低标准并进行持续跟踪考评，对于未达到考评标准的土地可进行土地发展权变更或收回。在实际操作中，可嫁接创新工业用地“标准地”出让制度，对居住用地的综合容积率和人口密度、基础设施完备度等内容，商业商务办公用地的综合容积率、地均商业税收、地均就业人数、服务设施配套度等内容，工业用地的工业容积率、地均工业总产值、地均服务就业人数、单位 GDP 能耗、高新技术产业产值占工业增加值的比重等内容，特色产业用地的研发创新用地比例、地均税收、地均就业人数、研发投入强度等内容建立控制性指标作为“标准”附着于拟出让宗地的规划条件中，用地单位需同步签订土地使用权、土地发展权出让合同及“标准地”履约监管协议。

（2）不完全产权许可制度。为应对开发利用强度水平低下、布局散乱、用地粗放的情况，探索先租后让、租让结合，设定自持比例和限制转让年限等不完全产权许可制度，将土地发展权的完整产权进行分割，再逐次有条件地进行让渡，避免因土地发展权的持有成本低下造成的囤货居奇、投机倒卖等问题。实操方面，先租后让、租让结合指让用地权益人先行租赁土地使用权与土地发展权进行建设开发与生产经营，当进入稳定期满足各项要求后，再正式签订使用权与土地发展权让渡合同，如租赁期满未能满足相关条件，则由政府收回土地使用权与土地发展权。设定自持比例和限制转让年限重点针对工业改商住再开发项目，设置一定的自持物业比例与转让最低年限，以约束产业用地“房地产”化与投机倒卖行为，鼓励用地方长期持有、长期经营。

（3）弹性年期制许可制度。为应对由于城市产业发展更替周期快于工业用地出让年期导致的土地发展权低效固化与用途错配问题，针对城市产业用地设定土地发展权弹性年期制度，根据产业与企业的生命周期设立分期、差异化的土地发展权让渡年限，在当期让渡年限期满后根据产业与企业经营发展状态的综合评估，进行土地发展权的变更、重设或部分回收。实操方面，可嫁接上海提出的“土地全生命周期管理”模式，对产业用地建立由编制—跟踪—评估—年度指导—反馈修正构成的持续规划机制，不断修正土地发展权的二级市场配置格局。

9.1.2 基于强度调整的实施管控方法

1. 政府主导的容积率奖励制度

政府主导的容积率奖励制度主要针对交易成本较高、土地发展权市场定价机制不明确、市场供需方不易匹配的土地发展权二次调控情形。通常由政府以容积率增值和允许部分区划条件变更（如建筑退线、层高、停车场配建等场地条件）为激励条件，引导开发商提供社会所需的公益性空间或符合城市发展战略导向的特定类型空间。

（1）容积率奖励范围限定。容积率奖励制度采取“空间区划 + 项目清单”对奖励范围进行双重限定。一方面，在单元层级的详细规划图则中，以适度扩张型、更新改造型等存量提质单元和重点（特色）产业计划型、公共活动中心型等战略重点型单位为主要对象，根据城市专项计划与重点项目库评估需求划定可实行特殊奖励的政策性区划。另一方面，在单元层级的详细规划条文中，明确可实行特殊奖励的项目清单，主要包括以下五种类型：①三大公共设施（公共服务设施、公共安全设施、市政基础设施）建设补短板；②鼓励发展的特定业态或产业；③政策性住房供给；④历史文化、生态环境、景观结构保护；⑤公共开敞空间或公共交通空间供给。

（2）容积率奖励指标设定。容积率奖励指标范畴在增补性土地发展权的范畴内，原则上地块获得容积率奖励与接收的转移容积率之和不应超过该地的增补性土地发展权上限。项目的容积率奖励指标设定通常以其所贡献的土地发展权价值评估为参考，项目内各地块权益人获得的容积率奖励指标分配通常以个人的贡献度为参考。在实际操作中，容积率奖励指标的设定通常遵循以下路径：①依据规划单元的主导功能方向确定差异化的评价体系；②估算项目公益建设部分的直接不动产价值；③估算由项目公益建设正外部性所引致的周边地块土地发展权升值的间接价值；④按公益建设部分的直接价值与间接价值之和估算应奖励容积率的价值；⑤按公益贡献比例制订增补性容积率的分配方案；⑥对接各类公益专项的虚拟性土地发展权指标进行对价匡算，使总指标保持平衡。

（3）容积率奖励的操作方式。根据项目性质类型，容积率奖励的操作方式可主要分为两种：①捆绑式公益贡献型，多用于增量地区的开发建设项目。按照公私搭配、肥瘦搭配的原则，在规划单元内将经营性项目应获得的增补性土地发展权部分与公益性项目可转出的虚拟性土地发展权统筹设定，从而使公益性用地与营利性用地、利润不佳项目和利润较好项目能捆绑开发，以营利性项目分摊公益性项目成本，降低公益性项目融资难度和运营压力，达到资源整合和资金总体平衡的目的。②自选式公益贡献型，多用于存量的开发建设项目。由政府在详细规划中明确区域内各类基础设施和公共服务设施配比和位置，并通过制定补短板不计容积率、公共空间以划拨供应、项目内允许一定比例开发强度相互调剂等政策，鼓励自组织小规模有机更新中的“公私搭配”，同时按照系统协同、整体统筹的原则，由政府在更高层级的空间治理范畴中对增补性土地发展权与虚拟性土地发展权进行指标池统筹。

2. 市场主导的容积率转移制度

市场主导的容积率转移制度主要针对交易主体明确、交易成本较低、土地发展权市场定价机制明确、市场供需方易匹配的土地发展权二次调控情形。根据既有研究，土地发展权转移制度设计中，土地发展权发送区与接收区的划定、两区土地发展权转移的制约条件设定、两区土地发展权转移的量化与对价是最为重要的三大要素，在详细规划中需以附加规划图则 + 法律条文的形式为容积率转移的市场运行设计制度框架。

（1）土地发展权发送区与接收区的划定。土地发展权发送区与接收区的划定逻辑与土地重划特别意图区划定相似，以“法定赋权 + 协议赋权”两种制度上下结合的方式进行。在详细规划的单元规划层次，依据区域综合评价结果与政策性主导功能单元的认定，主要在历史文化保护、生态环境敏感、设施走廊协调三类特别协调型单元、保留整治型单元、城市设计重点型单元设置土地发展权发送区，在更新改造型、适度扩张型两类存量提质型单元和公共活动中心型、综合交通枢纽型、重点（特色）产业计划型等战略重点型单元设置土地发展权接收区；在详细规划的地块规划层次，根据达成容积率交易双向意向的市场主体的自主申报，按照项目深化方案划定土地发展权发送区与接收区的四至坐标。为提升土地发展权转移转让项目的成功率，在地块详规或深化方案阶段，应结合开发保护的需求评估，优先将开发权接收区设置在开发需求较大的地区，将开发权供给区设置在保护压力较大的区域，有利于形成土地发展权转移市场，促进供给区土地的有力保护与接收区土地的有效开发[①]。

① 汪晗．土地开发与保护的平衡：土地发展权定价与空间转移研究 [M]. 北京：人民出版社，2015.

（2）两区土地发展权转移的制约条件设定。与城市更新专项规划相比，在控制性详细规划阶段就对一定时期内供给区可转移的土地发展权总量与接收区可接受的土地发展权上限进行预先设定①，可更好地调控土地发展权的投放节奏、提升总体利用能效。原则上，供给区土地发展权的可转移总量不得高于其实体基准性土地发展权与虚拟性土地发展权的容量之和，接收区土地发展权的可接受容量不得高于其增补性土地发展权总量。总量不变的情况下，供给区的基准土地发展权与虚拟土地发展权设定比例、需求区的基准性土地发展权与增补性土地发展权设定比例均可影响开发权的市场形成与规划的引控效果。一般而言，设定较低的基准土地发展权可降低供给区土地权益人转让土地发展权的机会成本，促进接收区土地权益人的购买需求，从而增加项目的成功率②。为了避免土地发展权一次性转出或转入带来的资源配置低效，还可叠加动态规划许可制度设计，依据转入转出容积率的价值兑现情况反馈修正土地发展权转移交易的单次容量限制。

（3）两区土地发展权转移的量化与对价。在土地发展权转移交易中，土地发展权的量化是其估计与对价的重要前置步骤。一般情况下，将 1 平方米土地上容积率为 1 的开发量作为单位土地发展权。由于需求区与供给区的区位条件、土地性质用途不同，两区的单位土地发展权价值也有所不同。理想条件下土地发展权转移交易以转出、转入的土地发展权总价值等价为原则，转入土地发展权总量与转出土地发展权总量之比与供给区和接收区单位土地发展权价格之比相同。即：供给区单位地价越高、区位条件越优，转移等价值量土地发展权情况下，其在开发权转移后受限的用地面积越小；接收区单位地价越高、区位条件越优，接收等价值量土地发展权情况下，其获得的楼面面积奖励越少。现实条件下，考虑产权整合、开发建设成本、交易成本等因素，供给区转出的土地发展权总价值一般大于接收区转入的土地发展权总价值。

9.1.3　基于用途调整的实施管控方法

1. 政府主导的功能用途弹性管控制度

政府主导的功能用途弹性管控制度实质为规划中的空间留白机制。规划留白是国

---

① 岳文泽，钟鹏宇，王田雨，等. 国土空间规划视域下土地发展权配置的理论思考 [J]. 中国土地科学，2021，35（4）：1-8.

② 汪晗. 土地开发与保护的平衡：土地发展权定价与空间转移研究 [M]. 北京：人民出版社，2015.

土空间总体规划及详细规划编制中为应对未来发展的不确定性，在土地发展权的初始配赋中，暂不确定某些建设用地的空间位置或具体用途，为开发建设与存量更新进程中的土地发展权二次调控预留制度空间的规划编制行为，主要包括指标留白与空间留白两种方式，其中城镇开发边界内的详细规划一般以空间留白为主，空间留白的总规模一般为建设用地总规模的 5%~10%，近期规划中空间留白使用规模一般不超过留白总规模的 20%。

考察北京、上海及国外城市经验，空间留白的选址主要考虑：①长远发展弹性型：新城及乡镇建成区边缘尚未确定建设意向的新增建设用地范围。②转型升级契机型：当前人均建设水平严重超标、土地利用效率低下、规划要求整治更新的存量建设用地范围。③战略发展机遇型：全市空间结构战略区域、地区转型发展机遇预留地区、城市发展重要战略节点、重要功能区周边预留地区等，在开发前期划入留白用地，避免土地发展权过早进入市场，未来有需求时无地可用或开发成本过高。④功能优化储备型：将中短期内无明确实施计划的地块，及时划入战略留白用地，用于修补和动态完善城市功能。

梳理国内外城市在规划中的主要空间留白机制，可分为规划技术手段与规划管理规则两个方面，其中规划技术手段包括用地分类兼容、混合比例范围、预留用地控制、补充规划途径，规划管理规则包括功能多元协商、用途变更空间、功能时限有限、变更行为调控等。规划管理规则多有涉及市场主导下的功能用途有偿转换制度，将在后文论述。本部分聚焦于政府主导作用下在规划中进行功能用途弹性管控的规划技术手段，分功能兼容型混合区划设计（含用地分类兼容与混合比例范围）、功能演进型创新区划设计（补充规划途径）、功能底线型留白区划设计（预留用地控制）展开论述（表 9-1）。

规划中空间留白机制整理 表9-1

	规划技术手段				规划管理规则			
	用地分类兼容	混合比例范围	预留用地控制	补充规划途径	功能多元协商	用途变更空间	功能时限有限	变更行为调控
中国北京混合用地								
中国上海综合用地								

续表

	规划技术手段				规划管理规则			
	用地分类兼容	混合比例范围	预留用地控制	补充规划途径	功能多元协商	用途变更空间	功能时限有限	变更行为调控
中国深圳混合使用	■		■	■				
中国苏州灰色用地				■				
中国香港法定图则	■	■	■	■				
美国分区条例	■	■	■	■	■	■	■	
英国规划许可	■	■			■	■		■
澳大利亚简单分区	■	■	■	■		■		
新加坡白地	■	■	■		■	■		■

（1）功能兼容型混合区划设计。主要应用于建设现状复杂、功能需求多样的存量更新地区，通过划定独立的混合功能型区划、在既有用地功能上加载可兼容性利用政策条款、在特定项目区内设定功能调剂弹性区间，保障存量更新中的土地混合利用与功能灵活变更，提高土地利用效率和综合改造收益。①划定独立混合功能区划，如我国香港在法定图则中划定“其他指定用途用地”，在符合区域发展导向和相关规划要求前提下，制定完善用地性质混合、兼容和转换细则，鼓励靠近主要活动枢纽及商业中心边缘处的非工业用地，如教育、住宅、康体、文化、商业等用途土地经协调后可按混合用途发展。②既有功能加载可兼容性利用条款，设定主导用途、可兼容用途与可兼容比例。如我国上海自贸试验区 D4 地块转型实践中，允许存量工业用地转型开发为综合型工业用地，集工业、仓储、研发、商办等功能混合为一体。③在特定项目区内设定功能调剂弹性区间，如深圳前海新区第 2、9 开发单元提出在单元及街坊整体开发规模不变的基础上，允许街坊内各功能建设规模进行不超过 20% 的相互调剂（图 9-1）。

（2）功能演进型创新区划设计。主要应用于发展演进较快、具有战略政策意图特色产业（业态）创新发展地区或新型产业社区、未来社区、特色小镇等规划实验地区，在单元规划层面划定特定功能演进型创新区划政策性复区，允许其在规划深化方案或地块规划中突破现有的国土空间规划分区分类体系，自行设定新型功能，在保证主导功能性质不变的情况下，探索新的区划制度以适应其在发展中的功能演进与创新管理需求，例

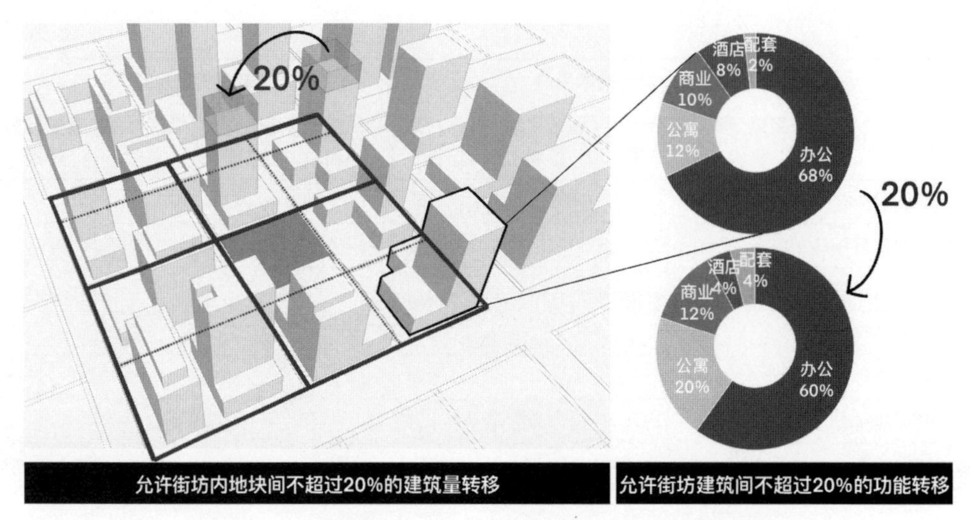

图 9-1 深圳前海新区第 2、9 开发单元城市设计的弹性规则

如欧洲在城市更新中通常设计工业就业区、创意经济区等新型区划满足工业用地的功能演进与转型发展需求。

（3）功能底线型留白区划设计。主要应用于战略地位重要但发展不确定性较大、预计未来受市场价值规律影响大因而有必要进行土地发展权节奏事先干预调控的地区，可看作将地块的实体性土地发展权暂时收储为国家所有的行为，例如上海市规划中在紧邻市区级生态环廊布局留白空间，在使用前作为生态空间的一部分，未来可结合发展需要，布局与生态主导功能相符合的大型游憩设施或公益性项目。

2. 市场主导的功能用途有偿转换制度

政府主导的功能用途弹性管控制度是一种体现宏观调控意图的、在土地发展权的初始配赋阶段就对土地发展权的二次用途调整进行弹性预留的规划编制行为，而市场主导的功能用途有偿转换制度则是通过事前政策框架制定与事后土地税费收取与合同管理相结合的方式，对市场进行土地发展权二次用途调控中的非正规化行为加以正规化机制认定上传的机制。在土地发展权以详细规划为条件通过政府让渡流入市场后，市场主导更新项目中的土地发展权变动通常不会经历完整的征收储备与招拍挂过程，但同样需要与规划部门签订出让合同补充协议或补签合同、纳入政府计划管理，这一法定程序是实行市场主导的功能用途有偿转换制度的法律效力来源。按照功能用途转换类型，可以将其分为向上变更与向下变更两类进行讨论。

（1）允许向上变更的特殊意图区划与地价补缴。向上变更指的是由土地发展权市场价值低的用途向土地发展权市场价值高的用途转变，如工业用途转变为商业用途、公益性用途转变为经营性用途、非建设用途转变为建设用途。在详细规划中一般通过“允许向上变更特殊意图区的划定＋判例式项目清单＋差异化地价补缴政策”的方式进行政策接口预留。允许向上变更的特殊意图区一般在更新改造型、适度扩张型等存量提质型单元和公共活动中心型、综合交通枢纽型等战略重点型单元划定。判例式项目清单制定需把握：①地块土地发展权向上变更范畴在增补性土地发展权范畴内；②向上变更符合区域发展总体方向、地区使用效益整体提升及特定转型政策导向；③向上变更不对空间环境品质、空间景观结构、城市公共利益造成重大影响。地价补缴政策是对规划功能用途向上变更获得土地发展性收益的利益还原，原则上补缴地价款应为以标定地价估算的用途变更前后土地发展权价值提升额度的对价。在实际操作中，对于符合城市整体发展导向的市场自发用途变更行为，可探索多样化的地价补缴手段，如以面积换地价（允许土地权利人在自行改造中，通过退还用地面积代替改变土地用途所需缴纳的补交地价款，退还用地优先用于公共设施、市政设施、保障性住房等建设）、分期补缴地价、土地闲置费抵扣部分地价补交款等。

（2）鼓励向下变更的特殊意图区划与激励补贴。向下变更指的是由土地发展权市场价值高的用途向土地发展权市场价值低的用途转变，如商业用途转变为工业用途、经营性用途转变为公益性用途、建设性用途转变为非建设用途等。在详细规划中一般通过“鼓励向下变更特殊意图区的划定＋判例式项目清单＋差异化激励补贴政策”的方式进行政策接口预留。允许向下变更的特殊意图区一般在保留整治型、品质提升型等存量提质型单元和重点（特色）产业计划型、城市设计重点型等战略重点型单元划定。判例式项目清单制定需把握：①地块土地发展权向下变更符合区域发展总体方向、地区使用效益整体提升、地区环境品质整体提升、特定转型政策导向。②向下变更不对关键产业布局、关键战略节点与走廊的集聚发展造成重大影响。激励补贴政策是对规划功能用途向下变更引致的土地发展性收益减损的利益还原，可统筹用途向上变更地区的土地发展权增补与用途向下变更地区的土地发展权转出进行综合协调，也可统筹城镇开发边界内外的公益性保护责任进行指标折抵。例如，探索城市生态用地整备与乡村地区生态型非建设用地或农业型非建设用地之间的增存挂钩式“绿色折抵”。

9.2 乡村地区的规划设计实施管控方法

9.2.1 乡村建设空间的规划实施管控方法

1. 服务于村庄体系重塑的特殊区划设计

在新型城镇化与城乡融合发展进程中，伴随着城乡间的人口、要素、资本频繁交流与快速流动，我国的村庄正面临着精明增长与精明收缩并存的体系重塑过程。如何设计服务于村庄体系动态重塑的特殊区划，为土地发展权在城乡间、村庄间、建设用地与非建设用地之间的转移与统筹计算提供框架和指引，是郊野单元规划中需要解决的问题。

传统城乡规划领域的村庄布点规划对此问题已有所涉及。例如，上海市在郊野单元规划中提出农民安置的“E+X+Y”镇村体系设计，其中 E 为城镇集中安置区，属于城市开发边界内规划建设农民集中居住区，土地权属为国有建设用地；X 为农村集中安置区，由乡村内部建设用地整理归并形成，土地权属为集体所有的“宅基地”；Y 为农村保留居民点。嘉兴平湖在村庄体系布点规划中提出的“1+X+n”的区划设计与之相似，1 为城镇开发边界内的新市镇社区，X 为城镇开发边界外的城乡一体新农村社区，n 为保留传统自然村落。但传统的村庄布点规划仍待与非建设空间的土地整备区划进一步整合协调。

基于乡村单元的政策性主导分区，本研究认为可划定城镇集中安置点及安置区、农村集中安置点及安置区、农村保留居民点、农林用地整备区、生态修复整备区几类特殊区划，作为服务村庄体系重塑与土地发展权分时序调控的政策性复区。其中，城镇集中安置点及安置区在城镇开发边界内划定，农村集中安置点及安置区主要在开发边界外的城郊融合型村庄、集聚提升型村庄划定，采取远近结合、点位与区块结合的划定方法，近期划定区块、远期预留带指标点位，并参照同区位建设用地设置基准性与增补性土地发展权；农村保留居民点主要在特色保护型与战略留白型村庄划定，可在原有土地发展权限制范畴内进行改扩建；农林用地整备区与生态修复整备区主要在搬迁撤并型村庄划定，按照整备前后“同地同权”的原则设定虚拟性土地发展权与非建设用地受限的实体性土地发展权。其中，生态涵养型与安居威胁型可提前划定为生态修复整备区，范围包括规划将整理为生态用地的农村存量建设用地区域（含拟腾退的农村居民点和独立工矿用地等）；精明收缩型与合并统筹型可提前划定为农林用地整备区，范围包括规划将整理为农林用地的农村存量建设用地区域（含拟腾退的农村居民点和独立工矿用地等）。在村庄体系重塑调整的过程中，应通过指标匡算，使农林用地整备区与生态修复整备区的虚拟性土地发展权转出与城镇集中安置点及安置区、农村集中安置点及安置区的增补性土地发展权转入相统筹，农林用地整备区与生态修复整备区的实体性土地发展权灭失回收与城镇集中安置点及安置区、农村集中安置点及安置区的实体性土地发展权兑现相统筹，并开展人一地一房挂钩的核算，使人口城镇化进程与土地城镇化进程相匹配，村庄的精明增长与精明收缩进程相匹配，以此指导三大设施（基础设施、公共服务设施、公共安全设施）的动态优化与布局调整。

2. 创新城乡增减挂钩的特殊区划设计

城乡建设用地增减挂钩制度是我国当前进行建设用地与非建设用地间相互转换（建设用地调入调出）的重要制度。本书试图以土地发展权二次调控的制度设计为切入点，讨论城镇开发边界外详细规划编制中应为增减挂钩制度进行的区划设计与政策预留。

（1）拆旧建新特别意图区划定。拆旧建新特别意图区的划定预留逻辑总体可参考前文中关于土地重划特别意图区的讨论，以“法定赋权 + 协议赋权”两种制度上下结合的方式进行。在郊野单元规划层次，依据区域综合评价结果与政策性主导功能单元的认定，主要在产业整理型、人居整治型、搬迁撤并型乡村单元内部划定拆旧特别意图区，侧重在中心引领型、城郊融合型乡村单元内部划定建新特别意图区；在实用性村庄规划或项目区内详细规划层次，结合集体组织、市场主体自主申报，根据增减挂钩项目深化方案具体划定拆旧建新特别意图区的四至坐标，对于最终确认边界的建新特别意图区，在符合其增补性土地发展权上限的条件下，可进行土地发展权强度指标的适当奖补上浮与用地性质的弹性兼容性设定，以鼓励集体建设用地的布局优化。在上海市郊野单元规划中的类集建区政策中（图 9-2），“待激活的类集建区”为建新特别意图区，一般在区位和交通条件较好、邻近集中建设区、现状建设用地较为集中的区域设置，需满足不占或少占基本农田、结构性生态空间、重要设施协调区的要求，待增减挂钩具体实施开展之际，根据细化方案确认“激活的类集建区”四至边界，并编制地块详规。

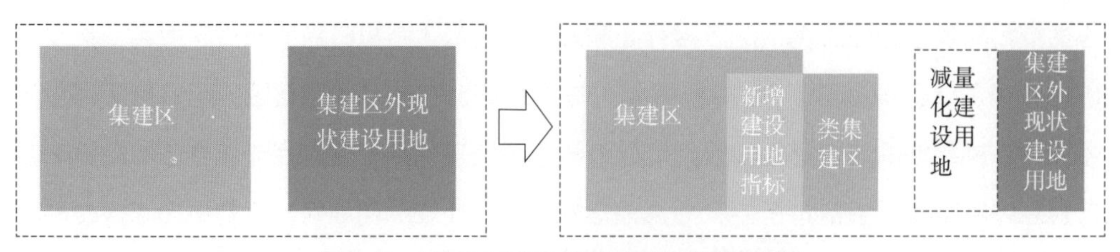

图9-2 上海市郊野单元规划中的类集建区政策

（2）二维指标的转移规则。原则上，拆旧区域建新区应满足建设用地规模与非建设用地规模的二维指标置换平衡，即建新区的建设用地面积不大于拆旧区原建设用地总面积，拆旧区复垦新增的非建设用地面积必须大于建新区占用的非建设用地面积，且保持非建设用地质量不降低（耕地）或功能不降低（生态用地），从而在二维用地结构中保障拆旧建新后的地类平衡。上海实行的“双用地指标腾挪”为增减挂钩中二维指标的对价置换，即根据拆旧复垦的规模，在建新区内等量下达新增建设用地计划与耕地占补平衡指标。

（3）三维价值的对价规则。因为建设用地土地发展权价值受区位级差地租影响较大，而非建设用地土地发展权价值则相对不敏感，实行增减挂钩与用地腾挪后，虽然地类结构不变，但用地的空间布局更趋近于土地最佳价值分布格局，因而建设用地土地发展权整体升值，而非建设用地由于规模、质量、功能不降的约束，其土地发展权价值也不少于转换前。在建设用地土地发展权整体增值的情况下，如何在各利益主体间合理分配土地发展性收益是制度设计中需考虑的重点问题。土地发展权三维价值的对价分配总体遵循“返还地—留用地—公益地”三地划分原则，具体可分为存量宅基地置换和存量农村工业用地置换两种情况。①存量宅基地置换中，按照土地发展权保值返还原则配置返还地，通常以应批准建造宅基地占地面积和建筑面积的标准置换新建安置住宅，对于因历史遗留问题超出批准建设部分宅基地按房屋残值给予适当补偿。在上海的实践中，安置住宅的容积率指标一般为拆旧宅基地的三倍，因此二者在占地面积上体现为“拆三还一”的比例关系。除保值返还地外，剩余部分可分为公益用地与留用地两类，公益用地体现土地发展权增值部分的反哺社会原则，留用地则按项目贡献度在各利益主体间差异化分配，留用地可以经营性不动产的形式入市流转（集体经营性建设用地入市或国有经营性建设用地招拍挂）或以流量指标的方式参与区域间交易。②存量工业用地置换中，亦按照土地发展权保值返还原则配置返还地，通常在建新地块规划等土地发展权价值的工业仓储用地，定向让渡给集体经济组织使用，由基层自治组织筹建厂房招商经营，并按照各权益人贡献的减量化存量工业用地面积按比例折合成股份分红，留用地与公益用地的处理原则同上。

3. 服务于建设用地内部调整的规划制度设计

农村建设用地内部调整指不涉及建设用地调入调出（三类用地性质互转）的建设用地土地发展权二次调控，参照城镇开发边界内存量有机更新的分析逻辑，也可分为产权调整、强度调整、用途调整三种调控模式进行分析。处理集体经营性建设用地与农村宅基地、农村公共设施和公益事业用地等各类其他用地之间的调整转换关系是农村建设用地内部调整关注的核心问题，通过经营性建设用地与非经营性建设用地之间的容积率转移、功能置换及产权整理，可实现集体建设用地土地发展权的整体增值，使农村集体资产有效配置、充分显化、最佳兑现。

（1）集体建设用地内部的功能置换制度。为应对村庄精明收缩、产业退二进三等实际发展需求，应在详细规划中明确集体建设用地内部的功能置换政策框架。具体而言，可在规划中预先设立弹性区划制度，为存量空间的功能置换提供政策指引或弹性空间，包括在宅基地存量提质或特色产业融合发展地区设定居住、商服、文旅、科创等功能兼容型混合区划，根据地方村庄发展中的功能演进设定创新型区划（如浙江在村庄规划中设计的“生态 +”两山转化建设用地），在村庄内区位价值较高地区设置底线型留白区划（与指标留白制度相配合，优先用于未来的居住、农村公共公益设施、乡村文旅设施、农村新产业新业态建设等）三种制度手段。而针对由市场主导的功能置换，则应明确建设用地功能有偿转换的制度框架，建立“特殊区划 + 判例式准入清单 + 差异化损益协调机制”的管理模式，对于非经营性建设用地转变为经营性建设用地，原则上补缴地价款应为以标定地价估算的用途变更前后土地发展权价值提升额度的对价，可以公益用地面积抵扣、地价分期补缴等多种方式鼓励符合乡村振兴发展导向的新产业新业态功能置换。

（2）集体建设用地内部的容积率转移制度。为规范详细规划对乡村建设用地的开发强度的全生命周期管理，减少存量用地改扩建过程中的非正规行为，应探索建立集体建设用地内部容积率转移的市场化交易路径，在详细规划中明确集体建设用地内部的容积率转移政策框架。具体而言，参考城镇开发边界内控制性详细规划中的容积率转移与奖励制度，以“法定赋权 + 协议赋权”的方式在亟待整治提效的经营性建设用地（工业、商业、旅游、娱乐等）集中分布地区设置土地发展权接收区，可接受容积率的政策奖励或交易转移，奖励转移总量不超过地块增补性土地发展权上限；在需要设施协调、资源保护、减量化整备的地区设置土地发展权发送区，可转出的土地发展权不超过地块虚拟性土地发展权上限。

（3）集体建设用地内部的产权整合制度。为降低农村存量建设用地土地发展权重新整合、盘活利用的制度成本，应参考土地整理、土地重划等制度框架，在详细规划中设置土地重划特别意图区制度，充分发挥集体组织、村民自治组织的能动性，优先由权利人自组织进行零星集体建设用地的产权整合、更新改造、经营增值与收益分成，对于组织协调难度较大的更新改造项目，可由集体组织进行统一收储、产权重置、规模化运营或经营权市场化流转。对于“小产权房”等不完整权属的历史遗留问题，应由政府制定政策细则，采取“确权税”征收、土地发展权受限等方式灵活重置历史遗留违法用地和违法建筑的法律产权关系。

9.2.2 农业空间的规划实施管控方法

1. 面向耕地与基本农田调整的特殊区划设计

耕地与永久基本农田保护是保障我国粮食安全的基础性土地管理制度。但由于大多数宜农性土地同时具备宜建性，在我国快速城镇化进程中，农业空间与城镇空间交织情况严重，尽管有永久基本农田与耕地保护红线等规划刚性约束，但城镇开发建设的不确定性与不可预见性仍催生了大量耕地与基本农田的空间调整需求，耕地“占优补劣”、永久基本农田“上山下海”等非正规行为多现。在详细规划中预先设计面向耕地与基本农田调整的特殊区划与制度，可增强耕地管控的空间弹性与动态适应性，减小地方政府或农户寻求非正规行为的动机。

（1）基本农田与耕地整备区划定。详细规划中，宜以政策复区的形式在耕地集中区预先划定一定比例的永久基本农田整备区，将拟通过规划整治形成集中连片、高标准建设、具备永久基本农田条件的耕地纳入整备区，作为永久基本农田调整的弹性空间；以政策复区的形式在拟通过规划整治复垦为农业用地的农村存量建设用地区域（含拟腾退的农村居民点、独立工矿用地等）划定农林用地整备区，作为耕地调整的弹性空间。永久基本农田保护区与永久基本农田整备区内的土地发展权可统筹管控、弹性转移，农林用地整备区的土地发展权宜与城镇集中安置点及安置区、农村集中安置点及安置区的土地发展权相统筹。耕地与永久基本农田调入调出均涉及土地发展权的增减值，应在规划中确立利益还原规则，保护农民的合法财产权利。

（2）耕地与永农调入过程中的利益还原。①若从耕地或一般农用地调入为永久基本农田，应按照土地发展权“同地同权”的原则，在调整前后宗地虚拟性土地发展权与实体性土地发展权的总和不变的情况下，即将受限的实体性土地发展权等值转换为虚拟性土地发展权，并允许权益人以市场交易机制对外转出。②若从集体建设用地调入为永久基本农田或耕地，多与城乡建设用地增减挂钩工作统筹进行，原则上应对建设用地转为非建设用地过程中土地发展权受限部分进行对价赔偿，或按“同地同权”原则将受限的实体性土地发展权等值转换为虚拟性土地发展权，允许权益人以市场交易的机制对外转出。③若从生态用地调入为永久基本农田或耕地，应同步实现生态用地等功能价值“占补平衡”，或由权益人补缴用途调整前后土地发展权升值部分的增值收益专款用于生态用地修复。

（3）耕地或永农调出过程中的利益还原。①若从永久基本农田或耕地调出为建设用地（一般出现在土地征收工作中），应进行农转用的土地增值收益分配，农户按“同地同权”原则获得由农用地转变为当地农村集体建设用地的土地发展权增值部分，而农村集体建设用地转变为城市建设用地的土地发展权增值部分则宜以土地增值税的形式归属国家所有。②若从永久基本农田调出变为耕地或一般农用地，应进行土地增值收益分配，由农户持有增值后的土地发展权（自持有承包经营权的情况）或获得土地发展权增值部分的分红（承包经营权流转的情况）。③若从永久基本农田或耕地调出为生态用地，应与耕地等规模质量“占补平衡”工作相统筹，可按照“同地同权”原则将受限的实体性土地发展权等值转换为虚拟性土地发展权允许权益人向外转出，或向权益人补偿调整前后土地发展权减值部分的损失，补偿款项来自于生态修复专项资金或生态补偿转移支付。

2. 面向一般农业发展区整备的特殊区划设计

一般农业发展区既承担粮食生产功能、蔬菜生产等农产品生产功能，也承担生态特色农业与农产品加工业、休闲农业与旅游服务业等各类有助于乡村振兴战略落实的第一、第二、第三产业融合发展功能，因此一般农业发展区的整备涉及农用地的布局优化与功能调整、各类农业设施与第二、第三产业服务设施的布局协调与建设强度调控，旨在通过农业田水路林村一体化的综合整治，促进耕地增量提质和乡村产业特色融合发展。下文将对产权调整、强度调整、用途调整三种一般农业发展区中的土地发展权二次调控模式分别讨论。

（1）一般农业发展区内部的权属调整制度。为应对一般农业发展区中农地产权细碎化、设施布局散乱化导致的农业生产效率低下的问题，应在详细规划中明确一般农业发展区内部的权属调整制度框架。具体而言，在详细规划中设置土地重划特别意图区制度，充分发挥集体组织、村民自治组织的能动性，自组织交换土地、归并地块、调整权属，优化农田水利等设施的系统性布局，建立适宜的耕作管理和机械化经营模式，提高农地的整体生产效率并按贡献分配农地发展的增值性收益；对于农村人口外流较多、农业从业人口较少的地区，亦可由农村集体经济组织集体收储农地，探索经营权集中流转模式。

（2）一般农业发展区内部的功能调整制度。为应对一般农业发展区的多功能综合发展需求，应在详细规划中明确一般农业发展区内部的功能调整政策框架。具体而言，可在规划中设立弹性区划 + 功能有偿转换相配合的制度框架，弹性区划包括农业用途复合利用区划、点面结合混合供地区划、设施用地弹性漂浮区划三种类型。其中：①农业用途复合利用型区划指针对不经农用地性质转换即可开展特定产业建设活动的情况划定的特别意图区，一般准入光伏、风电、自然观光型种植项目和特定季节型旅游康体项目，在不破坏地表形态、不影响农业生产能力的前提下，允许不改变原用地性质，按可兼容部分功能的农业用地管理，基准土地发展权设定（农产品开发利用强度与设施建设强度）可适当上浮。②点面结合混合供地区划，指针对符合乡村振兴导向且不具备连片开发需求的混合用地项目、划定的点状供应建设用地与面状租赁农用地相结合的特别意图区，二者捆绑流转时，应对建设用地与非建设用地的比例和实体性土地发展权上限进行限制，对点状建设用地的具体布局可暂不落位或在符合容量限制的前提下允许弹性调整。③设施用地弹性漂浮区划指针对桑基鱼塘等内部形成自我演替动态系统的复合型农业生产模式，划定设施用地弹性漂浮区，允许布局在农用地中的乡村道路、种植设施、畜禽养殖、水产养殖等设施建设用地暂不落位或在符合容量限制的前提下弹性调整，以满足农业生产中的实际需要。上述农业发展区中的弹性区划设计多涉及功能的向上变更与土地发展权的增值，原则上应补缴地价进行规划利益还原，并以标定地价估算的功能变更前后特殊区划内整体土地发展权价值提升额度作为应补缴地价的参考，政府可以公益用地面积抵扣、地价分期补缴等多种方式体现其对符合乡村振兴发展导向新业态发展的鼓励与奖补。

（3）一般农业发展区内部的强度调整制度。根据前文的界定，一般农业发展区的强度调整可分为两种类型，一是经营性或公益性设施（农用设施和科研游憩设施）的建设强度调整，二是农产品的开发利用强度调整，前者以单位区域内服务设施用地占比、服务设施建筑主体高度刻画，后者通常以单位面积种植作物的经济价值刻画，受作物种类、耕作制度等多种因素影响。①对于经营性或公益性设施的建设强度调整，可参考建设用地的容积率奖励与转移制度，由于农用地中的设施建设用地规模较小、空间落位弹性化，因此可不划定容积率的转入和转出区，而是采取转入转出项目清单的方式明确可进行容积率转移的设施项目类型，进而进行土地发展权的对价交易或政策性奖补。②对于农产品的开发利用强度调整，可在非粮食安全保障区，根据农业综合区位条件、经济技术条件、资源环境承载条件的评估调整，因地制宜地划定农产品允许开发利用强度的奖励区或交易转入区，以政策激励或市场交易的形式允许农业承包经营者通过调整种植作物类型（如种植蔬果、花卉、菌类、药材等）、种植空间利用集约度（如纵向复合分层种植）、耕作制度（如利用农业技术实现多熟制）等实现农产品的超基准强度开发。农产品开发利用强度的交易转入应与永久基本农田、粮食安全保障型耕地等农产品开发利用强度受限区域的虚拟土地发展权交易转出相对应，实现发展权益与保护责任的充分统筹。

9.2.3 生态空间的规划实施管控方法

1. 面向生态空间范围调整的特殊区划设计

生态红线与自然生态空间保护是保障我国生态安全、助力生态文明建设、保障我国永续发展的重要自然资源管理制度。生态红线与重要生态空间主要基于从生态功能重要性与生态系统敏感性进行综合评价划定，因而具有一定的稳定性与不可替代性，所以生态红线原则上不进行调整、自然生态空间原则上不进行大幅度调整。但为了应对由于区域自然地理条件变化、重大项目建设、规划决策纠偏等引致的必要性二次调整，可在详细规划中预先设计面向生态红线与自然生态空间调整的特殊区划与制度，以增强生态用地管控的空间弹性与动态适应性。

（1）生态红线与生态用地整备区划定。参照基本农田与耕地整备区的划定思路，以政策复区的形式在自然生态空间预先划定一定比例的生态红线留备区，将具有生态系统整体性与多要素耦合性、有助于区域整体生态功能发挥的生态用地纳入留备区，作为生态红线调整的弹性空间；以政策复区的形式在拟通过规划修复复垦为生态用地的农村存量建设用地区域（含拟腾退的农村居民点、独立工矿用地等）划定农林用地整备区，作为自然生态空间调整的弹性空间。生态红线与生态红线留备区内的土地发展权可统筹管控、弹性转移，生态用地整备区的土地发展权宜与城镇集中安置点及安置区、农村集中安置点及安置区的土地发展权相统筹。

（2）生态“占补平衡”的测算方法。借鉴德国的生态用地整治占补平衡制度，生态“占补平衡”主要以等生态服务功能为原则，要求生态用地调整前后的整体生态效应不减少。生态“占补平衡”可以自然资源资产核算为制度基础，以生态系统生产价值（GEP）核算为主要遵循，通过核算“占用”生态用地与“补充”生态用地的生态系统供给服务、调节服务、支撑服务和文化服务总值，确保二者等价转换。具体操作中，存在生态用地与农用地的占补平衡、生态用地与建设用地的占补平衡两种情况。①生态用地与农用地互相转换中的占补平衡，可对转换后农用地的生态系统生产总值进行核算，该部分 GEP 可抵扣需补偿的生态用地 GEP，项目实施方仅需对抵扣后的生态系统生产价值部分进行补偿和恢复。②生态用地与建设用地的占补平衡，可探索城乡建设空间中生态用地的增存挂钩式“绿色折抵”机制，对城乡建设用地内部经过存量改造而新增的绿地或其他生态用地的生态系统生产总值进行核算，该部分 GEP 可抵扣需补偿的生态用地 GEP，项目实施方仅需对抵扣后的生态系统生产价值部分进行补偿和恢复。

（3）生态空间范围调整过程中的利益还原。生态红线与其他生态用地的调入调出均涉及土地发展权的增减值，应在规划中确立利益还原规则，保护权益人的合法财产权利。①生态红线与其他生态用地调入过程中的利益还原：原则上应对转换中土地发展权受限部分进行对价赔偿，或按照“同地同权”原则将受限的实体性土地发展权等值转换为虚拟性土地发展权并允许权益人以市场交易的机制对外转出。②生态红线与其他生态用地调出过程中的利益还原：需与生态“占补平衡”工作相统筹，或由权益人补缴用途调整前后土地发展权升值部分的增值收益专款用于生态用地修复。应区分生态保护红线内外，制订差别化生态空间调出审批流程，探索建立用途转用许可制度，其中对于生态红线内用地的调出，须以生态占补平衡的项目验收作为批准用途转用的前提条件；对于其他生态用地的调出，可以生态占补平衡的项目验收或生态修复专项费用的缴纳作为批准用途转用的条件。

2. 面向生态空间内部调整的特殊区划设计

自然生态空间既承担生态产品生产、生态系统调节和支撑服务等保护性基础性功能，也承担生态农业、生态工业、生态旅游业等有助于两山转化与自然资源资产价值实现的经济功能，因此生态空间内部的整备涉及各类生态用地的布局优化与功能调整、各类生态产业或科研游憩设施的布局协调与建设强度调控，旨在通过“山水林田湖草”等多重生态资源的系统治理，构筑国土生态安全屏障，形成“两山转化”的中国经验。下文将对产权调整、强度调整、用途调整三种自然生态空间中的土地发展权二次调控模式分别讨论。

（1）生态用地内部的权属整合制度。由于生态资源属于具有明显正外部性、但受益范围广泛、难以在局域有效内部化的公共产品，其确权登记制度仍不健全、价值核算路径仍不清晰，因此生态用地权属整合工作应由政府主导进行，并配合自然资源资产管理制度建设同步进行。具体而言，由政府作为市场方对生态保护修复特别意图区内生态用地的土地发展权进行整片收储，在经过资源空间重组、产权重置和改良增值后，将土地发展权以让渡或租赁的形式转让给开发者。例如，福建南平构建了“森林生态银行”制度，通过收储产权分散的森林资源，对其进行整合优化后，形成优质、连片的标准化自然资源资产，引入市场运营机构进行专业化运营。浙江丽水建立了生态产品的供给能力体系、价值核算体系、价值实现路径、市场交易体系，设立“两山公司”“两山银行”等机构，推出“生态贷”“GEP 贷”等绿色金融产品，为生态资源的集中式收储、标准化运营、创造性转化、创新性发展提供了良好的制度框架（图 9-3）。

（2）生态用地内部的功能调整制度。为应对自然生态空间的多功能融合发展需求，应在详细规划中明确自然生态空间内部的功能调整政策框架。参考一般农业发展区内部

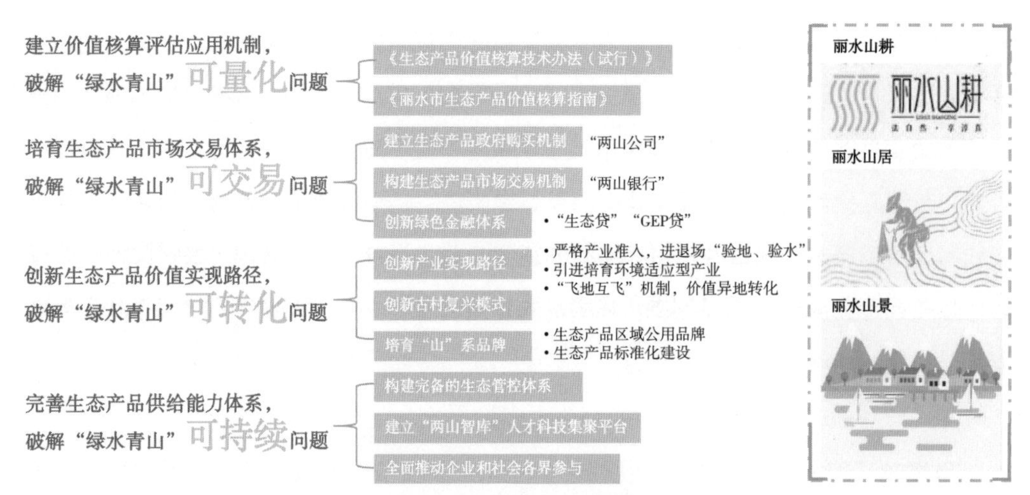

图9-3 浙江丽水的生态产品价值实现机制试点经验

的功能调整制度，在规划中设立弹性区划＋功能有偿转换相配合的制度框架，弹性区划包括生态用途复合利用区划、点面结合混合供地区划、设施用地弹性漂浮区划三种类型。其中：①生态用途复合利用区划，指针对不经生态用地性质转换即可开展特定产业经营活动的情况划定的特别意图区，一般准入光伏、风电、自然观光型种植项目和特定季节型旅游康体项目，在不破坏地表形态、不影响生态服务功能的前提下，允许不改变原用地性质，按可兼容部分功能的生态用地管理，基准土地发展权设定可适当上浮。②点、面结合混合供地区划，指针对符合“两山转化”产业准入名录且不具备连片开发需求的混合用地项目、划定的点状供应建设用地与面状租赁生态用地相结合的特别意图区，二者捆绑流转时，应对建设用地与非建设用地的比例和实体性土地发展权上限进行限制，对点状建设用地的具体布局可暂不落位或在符合容量限制的前提下允许弹性调整。③设施用地弹性漂浮区划，指针对以自然生态用地为主导的复合型经营区域，划定设施用地弹性漂浮区，允许布局在生态用地中的必要乡村道路、种植设施、科研观测与公共服务等设施建设用地暂不落位或在符合容量限制的前提下弹性调整，以满足生态产业发展中的实际需要。上述自然生态空间中的弹性区划设计多涉及功能的向上变更与土地发展权的增值，原则上应补缴地价进行规划利益还原，并以 GDP+GEP 双核算的模式估算功能变更前后特殊区划内整体土地发展权价值提升额度作为应补缴地价的参考，其中 GDP 增长部分应由权益人补缴，GEP 增长部分应由社会受益者通过区域间指标交易（横向生态补偿）或生态保护修复专项资金（纵向转移支付）代偿。

（3）生态用地内部的强度调整制度。根据前文的界定，自然生态用地的强度调整可分为两种类型，一是经营性或公益性设施（生态产业或科研游憩设施）的建设强度调整；二是生态资源的经营利用与功能服务强度调整。前者以单位区域内服务设施用地占比、服务设施建筑主体高度刻画，后者通常以单位面积生态用地的 GDP 与 GEP 双核算刻画。①对于经营性或公益性设施的建设强度调整，可参考建设用地容积率奖励与转移制度，采取转入转出项目清单的方式明确可进行容积率转移的设施项目类型，进而进行土地发展权的对价交易或政策性奖补。②对于生态资源的经营利用与功能服务强度调整，应在非生态红线或极重要生态功能区、允许适当功能调整的区域，因地制宜地划定生态资源的经营利用与功能服务强度的奖励区或交易转入区，以政策激励或市场交易的形式允许生态资源承包经营者通过发展林下经济、选育林种树种改善生态服务功能等实现生态产品与功能服务的超基准强度供给。生态资源的经营利用与功能服务强度的交易转入应与生态红线等生态资源的经营利用强度受限区域的虚拟土地发展权交易转出相对应，实现发展权益与保护责任的充分统筹。